高等院校艺术设计类"十三五"规划教材

总主编 陈 健

COMMERCIAL SPACE DESIGN

商业空间设计

主 编 罗 兵 朱琼芬
副主编 董垂锋 孙仲萍

中国海洋大学出版社
·青岛·

图书在版编目（CIP）数据

商业空间设计 / 罗兵，朱琼芬主编. — 青岛：中国海洋大学出版社，2015.2（2022.07重印）
ISBN 978-7-5670-0838-0

Ⅰ．①商… Ⅱ．①罗… ②朱… Ⅲ．①商业建筑－室内装饰设计－高等职业教育－教材 Ⅳ．①TU247

中国版本图书馆 CIP 数据核字（2015）第 043235 号

出版发行	中国海洋大学出版社		
社　　址	青岛市香港东路 23 号	邮政编码	266071
出 版 人	杨立敏		
网　　址	http://pub.ouc.edu.cn		
电子信箱	tushubianjibu@126.com		
订购电话	021-51085016		
责任编辑	王积庆	电　　话	0532-85902349
印　　制	上海万卷印刷股份有限公司		
版　　次	2015 年 3 月第 1 版		
印　　次	2022 年 7 月第 3 次印刷		
成品尺寸	210 mm×270 mm		
印　　张	7		
字　　数	165 千		
定　　价	45.00 元		

总 序

  创意设计产业的核心竞争力在于优秀的设计人才。艺术设计的特点是创意和创新，设计的目的是要不断解决复杂的需求问题，而并非单纯自我目标的实现。因此，艺术设计教育应该是以学生为中心、以教学服务为目的的知识体系和实践能力的构建过程，实现这一过程就必须进行艺术设计人才培养模式改革，加快设计教育与创意产业转型发展融合，按照产业人才需求和设计潮流及技术发展不断修正调整。

  艺术设计系列丛书就是在这个大背景下，专门为高等院校培养应用型、创业型的艺术设计人才量身定制的入门指南。

  艺术设计是一门综合了科学、文化和艺术诸元素的学科门类，科学技术让艺术设计插上升级腾飞、功能物化的翅膀，文化艺术赋予设计灵魂、品位、格调和情趣，艺术设计通过经济和市场来催生时尚、创建品牌、引领消费。可以这样说，科学技术的创新和文化艺术的创意是现代艺术设计专业发展与进步的双驱引擎。国家发展创意产业和现代服务业急需培育和建设艺术设计的应用学科和专业，也急需培养和训练具有艺术设计专业知识和能力的人才。

  此套教材结合对艺术设计教学与实践的探索和思考，以精炼、形象、易懂的语言阐述了艺术设计的基本概念、类型、思维方法、专业设计方法和技巧、设计实现所需要的新材料、新技术、新工艺、新设备等，并结合设计作品从各个角度深度剖析，全面展示了现代设计领域中的新思维、新观念、新理论、新技巧和新作品，帮助学生开阔视野，把握艺术设计的发展趋势。教材强调理论与实践相结合、教育与产业相结合、教法与经典案例剖析相结合，采用启发式的教学模式，使初学者了解并掌握艺术设计创意过程中的关键要素，也对专业设计人员具有一定的启迪作用。

  本套丛书的编著者是一批活跃在艺术设计行业的高级设计师以及各高等院校的优秀中青年骨干教师，他们学有专长，并熟悉现代艺术设计行业发展的新潮流，具有丰富的教学经验和艺术设计的实际操作能力，在编写教材的过程中也融入了自己教学和科研的最新成果和独特的见解。

  期待本套教材在培养艺术设计专业学生的创新思维能力、实际动手能力、专业适应能力和就业创业能力方面起到应有的作用。

葛 朗

2015年1月

前　言

　　随着我国社会经济的迅速发展，各行各业对环境设计人才的需求激增，在我国现有的各大院校中，大部分学校设有环境设计类专业。在经历快速的发展之后，艺术设计教育的质量问题也成为人们关注的焦点，完善学科建设，确立科学的、适应市场需求的教学体系，编写高质量、系统化的教材是提高相关专业水平的关键所在。

　　艺术设计是科学技术和文化艺术的结合，其本质是创新、致用、致美，要引导学生掌握设计原则与规律，培养创新设计思维。本教材是引导学生在已具备一定的空间表达能力的基础上，结合基础技能课程的学习，对商业空间设计的理论和设计实践进行整体的学习和研究，通过了解商业空间发展的历史和演变过程，掌握商业空间设计的一般规律和表现手法。

　　本教材主要有以下几个方面的特点。

　　第一，突出应用性和操作性。商业空间设计是一门实用性非常强的课程，学以致用是本书编写的重要原则。为此对于理论叙述部分，突出少而精，而对于应用部分相对比较详细。

　　第二，理论与案例分析相结合。在所有章节中对于概念、原则和操作的介绍，均结合案例，并有对应的图片资料，同时还安排分析相结合。设计是一项创造性劳动，在教学上结合理论知识，通过案例式教学加以分析和启发，使学生掌握设计的规律，并在实践中主动发挥创造精神。

　　第三，重视商业空间设计新趋势的介绍。对于当代商业空间设计的新理念、新形式等，均有相关介绍。

　　本教材在撰写过程中，参考了一些学者的论述，引用了一些图片，有的无法查阅出处，在此特向相关专家、学者、行业人士表示感谢！

　　由于编者水平有限，书中不足之处在所难免，敬请广大读者批评指正。

编　者
2015年2月

教学导引

一、 教材使用范围

商业空间设计是环境设计专业重要的专业设计课程之一，是学生掌握相关商业空间设计的有效途径。本书以教学目标为主导，以教学大纲为依据，通过理论阐释、案例分析、课后思考等过程的强化训练与相关理论系统的梳理，激发学生的主动性和创造性。本书适用于高等院校环境设计专业，是相关课程的教学参考用书，也是社会相关设计师培训的针对性教材。

二、 教材学习目标

1. 了解商业空间设计的设计方法、设计特点、设计内容及设计程序。

2. 掌握不同类型商业空间的设计特征。

3. 培养学生系统、全面、创新的设计能力，使学生明确最终的设计目的，即设计以满足人的需求为出发点。

三、 教学过程参考

1. 资料搜集：对市场中的优秀商业空间设计案例进行系统化的资料搜集。

2. 案例考察：通过实际案例的分析，考察艺术设计规律在商业空间设计中的应用。

3. 演变过程记录：在对商业空间设计案例的分析过程中，要求学生把握从草图到最后出图的设计过程。

4. 作业循序渐进：遵循由简至难、由点到面的作业设计规则。

5. 作业完成与反馈：完成作业之后，要求学生相互评价与展示。

四、 教学建议实施方法

1. 课堂演示：实例结合电子教案。

2. 实地考察：市场调查与研究。

3. 案例讲解：理论结合实践，案例分析。

4. 分组互动：分组讨论，交流评述。

5. 作业评判：作业质量结合学习态度综合打分。

建议课时数   总课时：64

章　节	内　容	课　时
第一章	概述	8
第二章	商业空间分类	10
第三章	商业空间设计内容	12
第四章	商业空间色彩设计	8
第五章	商业空间照明设计	8
第六章	商业空间设计分析	18

目 录

第一章 概 述

第一节 商业空间设计的概念

1.1 商业空间和商业空间设计的定义

　　商业空间是提供有关设施、服务或产品以满足商业活动需求的场所，是人类活动空间中最复杂、最多元的空间类别之一。在生活方式、消费观念和行为方式都发生了巨大变化的今天，现代商业空间已经成为城市中最具活力的地方，它融汇购物、休闲、娱乐、社交等活动场所于一身，其概念也被赋予了更丰富的内涵。

　　商业空间设计是对提供商业活动的各种场所进行的设计。具体来说，商业空间设计就是在以促进商品销售为目的的空间环境中，运用一定的物质技术手段与经济能力，以科学为功能基础，以艺术为形式表现，根据对象所处的特定环境，对空间进行创造与组织的理性创造活动，形成安全、卫生、舒适、优美的空间环境，以满足人们的物质功能需要与精神功能需要。由于商业空间的构成十分复杂，种类繁多，因空间特性、经营方式、功能要求、行业配置、规模大小及交通组织等的不同而产生不同的建筑空间形式，其空间设计不能一概而论。

1.2 商业空间的构成

　　商业空间是在特定的空间范围内，运用艺术设计语言，通过对空间的精心创造，使其产生独特的空间氛围，同时通过解释产品、宣传主题等与消费者完美沟通，达到买卖商品的目的。它不仅是承载商业行为的空间，更是沟通生产与消费的桥梁（空间载体）。

　　商业空间是由人、物、空间三者之间的相互关系构成的（图1-1-1）。

　　① 人与空间的关系：空间提供了人的活动，其中包括物质的获得、精神的感受与信息的交流。

　　② 人与物的关系：人与物能产生一种交流，物质提供了使用功能，并传达相关信息（包括识别、美感、知识等）。

　　③ 空间与物的关系：空间提供了物的放置（陈列、储存等），同时集合的物也构成了新的空间（设计时必须考虑商品的陈列后形成的"新"空间）。

图1-1-1 商业空间构成三要素的关系示意图

图1-1-2　太平洋海底世界博览馆

图1-1-3　北京言几又书店/ Kyle Chan & Associates Design

图1-1-4　万达影视城大堂

1.3 商业空间的性能

商业空间大致有以下四类性能。

1.3.1 展示性

除了一般意义上的商品陈列，商业空间还包括舞台上动态的表演、各种形式广告的发布等有关商品自身以及附加信息的传达。如图1-1-2所示，太平洋海底世界博览馆是以展示海洋生物为主，长廊的空间设计使色彩斑斓的海底世界一览无遗，集科普教育与观赏娱乐于一体。

1.3.2 服务性

商业空间提供各种有形或无形的服务，包括购物、咨询、汇兑、租赁、寄存、修理、餐饮、休闲、娱乐等。传统书店的层次一般比较单调，书架的简单排列也难以形成阅读氛围，图1-1-3所示的北京言几又书店，咖啡区内的"书墙"是书店设计的一大特色，展现出富有鲜活生活方式的文学气息，增强了人与空间的互动性，为读者提供了一种新的阅读体验。

1.3.3 娱乐性

休闲娱乐已经成为生活体验一个重要部分，由此衍生出很多新型的休闲娱乐方式，如健身房、电影院（图1-1-4）、体育馆等。随着社会经济迅速发展，商业空间娱乐性的设计要求也越来越高。

1.3.4 文化性

无论是商品陈列还是娱乐活动，其本质均是文化活动，包括各类流行也是一种文化。如图1-1-5所示，上海电影博物馆修建在上海电影制片厂旧址上，其展示空间内与参观者共同分享了上海电影业从传奇开篇时代直至今日3D电影风靡，博物馆不仅仅是"历史的殿堂"，它还以国际化的新文化热点结合本土特色，将历史文物与互动空间衔接在一起，将人们的个人生活与记忆联系在了一起。

图1-1-5 上海电影博物馆/迪尔曼·图蒙和协调亚洲

第二节 商业空间的沿革与发展

2.1 商业空间的沿革

人类从事商业活动可追溯到原始生产时期。开始时是以"以物易物""互通有无"的不定期交易方式进行的，后来发展为定期的集市形式。集市的形成与宗教节庆、农事等有密切的关系，这种集市逐渐以"赶集"和"庙会"等形式固定下来，而聚集于渡口、驿站、通衢等交通要道处的相对固定的货贩以及为来往客商提供食宿的客栈成为固定商铺的原型。随着农业耕作技术的发展和农副产品的大量增加，季节性的农产品交易、牲畜交易及手工艺产品的交易也形成了专业的交易场所。

商业活动从非定期发展到定期，由流动发展成固定，由分散发展到集中，商业空间的演变也就以流动的时空逐渐演变成特定的时空。商铺的固定聚集了不同的商品行业种类，市镇或商业区便由此产生。如图1-2-1所示，可以看出当时汴梁城镇中商业发达的情形。如图1-2-2所示，贩卖的形式多种多样。

固定化的商业空间必然配备一定的商业设施，以便利往来客人的出入活动。配合商品交易，相应的交通、食宿、其他休闲设施及货运、汇兑、通讯等服务性的行业应运而生。如图1-2-3所示，20世纪30年代的南京路是当时上海商业最为繁华的地区。

随着商品经济及科技的发展，现代的商业空间无论在规模、功能还是种类等方面都远远超出了过去的范畴，并且商品交易的双方（卖方与买方）都对商业空间的环境提出了进一步的需求。这些需求除了功能性方面的设施、条件和环境等，还包括满足心理需求、精神需求以及获取相关信息的需求等。因此，在现代市场经济前提下，商业空间的设计就应当包括这些方面的内容。

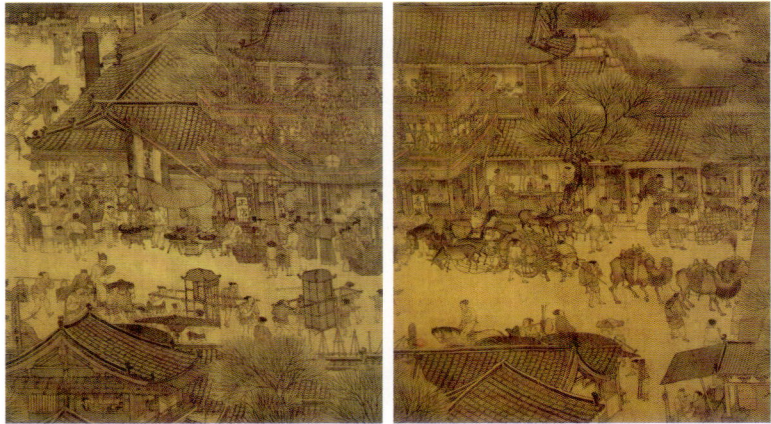

图1-2-1 《清明上河图》局部/张择端

图1-2-2 中国清代末期城镇商业店铺的情形

图1-2-3 20世纪30年代的上海南京路

2.2 商业空间的发展趋势

2.2.1 空间设计的开放化

为满足商业空间的不同使用功能，空间界面设计有虚实之分，从而营造出不同的空间氛围。实体界面代表封闭、连续、具象的空间，如实墙面和地面，它是空间界面设计的重点，决定了空间的形态和造型。空间的虚体是指空间使用者的情感、刺激以及人的行为活动。一般是在界定的空间内，依靠材质、色彩变化，或者借助绿化、水体等划分空间。实体和虚体的共同作用产生良好的空间氛围，为消费者的社会活动提供空间场所、丰富的空间感受以及新鲜的感官和心理体验。如图1-2-4所示的巴厘岛W度假酒店，镂空设计隔断室内外。室内空间既充满自然气息，又显得宽敞明亮。

图1-2-4　巴厘岛W度假酒店/ SCDA Architects & AB Concept and Poole Associates

商业空间已成为人们的社交场所之一，给人们提供个性化的消费和服务，满足消费者的情感需求，而这种满足已渗透到城市之中。商业空间介入城市环境系统，越来越多地接纳城市空间的职能，成为城市居民的社交空间、建筑空间。介入城市，向城市空间开放，大型商业建筑空间成为了城市空间的重要组成部分。在某种程度上，商业空间不再具有领域感，成为城市生活空间的动态延续，呈现出多层次、复合的动态开放空间，是都市生活和交融的完美体现。

2.2.2 空间功能的复合化

在体验经济影响下，消费者对商业空间需求更加多样化，传统的商品经营模式已经落后于消费者的消费需求。商业空间功能的复合化成为现代商业空间的一种发展趋势。商业设施的综合化引导了不同需求消费者的聚集、体验丰富的商品及其带来的购物刺激和需求，也极大地增加了整个商场的吸引力。商业业态的多功能复合，是指将电影院、游乐场、咖啡厅、运动场地等空间入驻大型商业空间，这些原本和购物无任何直接联系的活动穿插和交织其中，为消费者创造出更多的购买契机，增加了不同消费人群进入商业空间的机会，延长了人们的逗留时间，并通过这些商业活动与商品之间产生相互作用。如图1-2-5所示，大上海时代广场包括时装、餐饮、电影院、超市和生活百货等多种业态，属于一站式时尚购物中心。

现代购物的行为需求决定了空间的用途也是复合化的，空间的功能性不再单一，提高空间的综合使用效率势在必行。大型商场的公共空间，除了为消费者提供相应的休息设施之外，还可举办一些表演、展览类的公共活动，它是集休闲空间、娱乐空间、服务空间于一体的公共空间，这样的空间更能适应消费者的需求。

图1-2-5　大上海时代广场外景

2.2.3 空间层次的复杂化

空间的层次一般包括形式层次、意向层次和意义层次三种。其中，形式层次是人们可以体验到的空间所具有的外形、色彩、肌理、方位等，是表面的、直观的，属于感性认识，空间形式的深层理解和认知对人的心理反应效果和情绪具有催化作用。意向层次的设计包含空间的结构框架、功能特点，体现了空间的功能和特征。意义层次是指空间的内在文化内涵，是人们观看空间结构和特征后的印象。商业空间的设计要同时考虑这三个方面，才能设计出引起消费者共鸣的空间环境。

如图1-2-6、图1-2-7所示的珠海都会立方，在购物中心的正门入口处规划设计一个开放性城市景观广场，供人们户外活动、休憩和放松，广场前的一个立方体的装置成为视觉中心，并引导人们的视线至商场的入口，而夜晚闪耀的灯光让整个广场显得五彩缤纷。商场入口内部的天顶是封闭式的透明框架结构，白天可以采光入内，从楼下抬头往上看，空间感强。

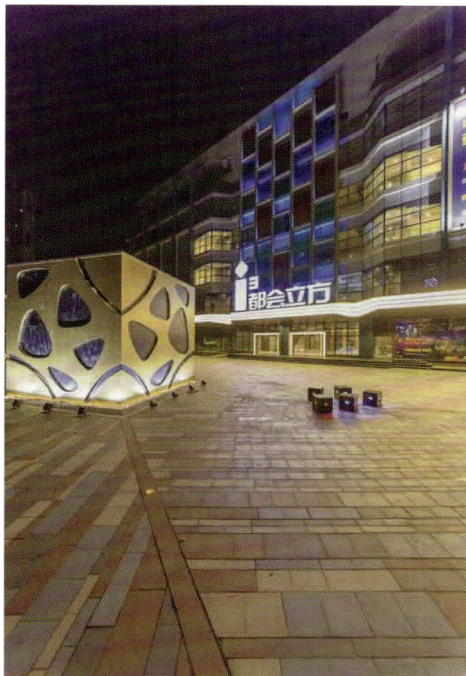

图1-2-6 都会立方外景/何周礼

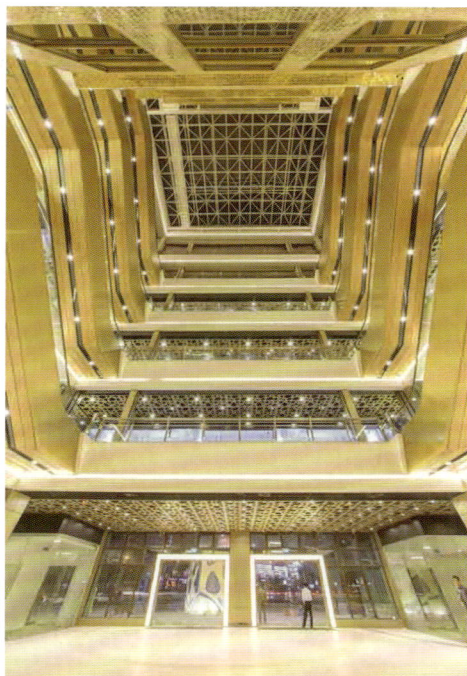

图1-2-7 都会立方内景/何周礼

2.2.4 消费心理与购物环境交错化

设计师在进行商业空间设计时，潜意识里注重对消费者的情感渲染和心理诱导，从而打造出一个让消费者自愿愉快的购物空间，这也是商业空间设计的趋势之一。商业空间设计可以说是一种经营策略的设计，也可以说是一种科学的设计，涉及艺术的方方面面，需要综合运用营销与传播，最重要的是对消费心理的把握。

商业空间设计应研究消费者的心理特点，并与之相适应，为消费者提供最适宜的环境和最便利的服务设施，使消费者乐意参观和选购商品，而要达到这一要求，就必须研究空间设计与消费者心理的关系。通过对商业空间设计及消费者心理的研究，掌握其规律，使商业空间设计适应消费者的心理特点，从而扩大商品的销售量，既满足消费者的需求，又使企业获得较好的经济效益。

人们的消费心理活动，大致可分为三个阶段。

① 认知过程。认识商品、了解服务是消费行为的前提。商品的包装、陈列以及商业空间的装饰等，对消费者的进一步行动起重要作用。

在这个过程中，商品本身和空间环境起诱导作用。如舒适美观的空间装饰、"以人为本"的服务体系、生动别致的橱窗展示、商品的陈列、品牌以及广告宣传效应等，都应使消费者感到身心愉悦，产生消费的欲望。

② 情感过程。情感过程是指在认知的基础上消费者经过一系列的比较、分析、思考直到做出判断的心理过程。

③ 意志过程。通过认知和情感的心理过程，使消费者有了明确的购买目的，最终实现购买的心理决定过程。

消费心理对商业空间设计主要有以下影响。

① 购物环境的可选择性。"货比三家"是众所周知的道理，也说明了消费者在消费过程中，存在着比较、选择的过程，而这一过程的满足则能够促进消费的形成，这说明购物环境中存在着比较、选择可能的重要性。所以大型的购物环境中应具备多家商店、多种品牌、多种商品、多方面信息等，以便产生商业聚集效应。

② 购物环境的标识性。在同一个区域，经营同一种商品的商店，只有设计独特的商店标识和门面、富有创意的橱窗和广告、富于新意的购物环境，才会给消费者留下深刻的记忆。同时，正因为每个商店的独特性、新颖感和可识别性，才形成商业街的浓厚的商业氛围。各种形式的展示是人类特有的一种社会化活动。

思考与练习

1. 商业空间的性能有哪些？
2. 商业空间的发展趋势有哪些？

第二章　商业空间分类

第一节　商业展卖空间

商业展卖空间业态是指零售企业为满足不同的消费需求而形成的不同经营模式，选址、规模、目标顾客、商品结构、店堂设施、经营方式、服务功能是其分类的主要依据，主要有专卖店、超级市场、购物中心、便利店、百货店等。

1.1 专卖店

1.1.1 专卖店的概念

专卖店也称专营店，是指专门经营或被授权经营某一品牌商品（制造商品牌和中间商品牌）的零售业态。但不是只有知名品牌的店面才称为专卖店。专卖店在满足社会需求的同时，也能增强企业产品的终端销售能力，使销售、服务一体化，并随着社会分工的细化而细化，创造稳定和忠诚的消费群体。

专卖店一般位于繁华商业区、商店街或百货店、购物中心内，空间面积根据经营商品的特点而定，销售体现量小、质优、高毛利的特点。专卖店是企业品牌、形象、文化的窗口，有利于品牌的进一步提升，因此店面设计讲究。如图2-1-1所示，空间设计延续了品牌系列风格，主材质选择可循环使用的木材，这也是Carhartt专卖店的共有特征。

图2-1-1　Carhartt 专卖店 / Francesc Rifé & Francesc Rifé Studio

1.1.2 专卖店的设计要求

专卖店设计是指专卖商店的形象设计。越来越多的企业经营者开始重视专卖店的设计，目的是吸引消费者进店购买。然而在当今商品经济社会中，陈旧、呆板的店铺设计已经不能满足人们的视觉观念和消费欲望，新的店面空间设计潮流正席卷而来，多姿多彩的空间越来越受到人们的欢迎。位于美国拉斯维加斯的Marni旗舰店由Sybarite设计完成，设计灵感源自舞动的鞭子的形象。一条不锈钢材质的"套索"蜿蜒地环绕在专卖店的内部，为店里的成衣提供悬挂的空间，当它在空中延伸开时，看起来又好像是静止的。"套索"的一端固定在收银台，而在另一端，绳子变形成一面嵌入玻璃纤维鞋柜的富有雕塑感的墙，如图2-1-2所示，天花板被设计成巨大的Barrisol光盘，与气泡主题的墙面呼应，投射下柔和的漫射光，相形之下，抛光的混凝土地板则成为一个干净的背景。相比较传统的橱窗展示，一面简单的玻璃墙和几个悬挂的时装人模使得店内空间的景象一览无余，吸引了附近忙碌行走在电梯上的人们的视线，这里因此成为最值得关注的焦点。

图2-1-2　Marni旗舰店/ Sybarite

专卖店空间设计的主要目的是突出商品特征，使顾客产生购买欲望，又便于挑选和购买。因此，设计十分讲究，要不落俗套。但要考虑诸多相关因素，如空间的大小、商品的样式和功能、灯光的排列和亮度、通道的宽窄、收银台的位置和规模、线路及通道的安装乃至政府相关规定等。

值得一提的是，专卖店的橱窗设计相较于其他空间部位显得更为突出。专卖店橱窗设计需注意以下几点。

① 橱窗是展示商品以吸引顾客的空间，橱窗设计的灵感主要来源于时尚流行趋势主题、品牌产品设计要素的延展以及品牌当季的营销方案。

② 可通过一些生活化场景使消费者感到自然、亲切，进而产生共鸣，给其留下深刻的印象，以达到设计的目的。

③ 橱窗设计除了商品魅力诉求之外，还以间接的形式表达了更宽广、深厚的人文关怀或艺术风格。如图2-1-3所示，以Prada经典形象设计布置，黑白棋盘格大理石地板突显空间，多元素的结合使橱窗展现出Prada对流行文化、艺术等的理解。

图2-1-3　Prada品牌橱窗

1.2 超级市场

1.2.1 超级市场的概念

超级市场是采取自选销售方式，以销售大众化实用品为主，品种齐全，满足消费者一次性购齐的零售业态。在超级市场中最初经营的主要是各种食品，后来经营范围日益广泛，逐渐扩展到销售服装、家庭日用杂品、家用电器、家具以及医药用品等。这种业态充分采用现代商业科技，采取连锁经营的方式，如法国的家乐福（图2-1-4）、我国的联华超级市场等。超级市场面积一般较大，多选址于商业中心、城乡结合部、住宅区、交通要道，作为主力店吸引人流，设有与营业面积相适应的停车场。

超级市场具有以下几个特点。

① 商品均事先分门别类地按一定的重量和规格以机械化的方式包装，分别摆放在对应货架上，明码标价，顾客自行选购（图2-1-5）。

图2-1-4　家乐福外景

图2-1-5　超市货架

② 广泛使用现代化设备，便于管理人员迅速了解销售情况，及时保存、整理和包装商品，提高了工作效率，扩大了销售数量。

③ 商品品种齐全，挑选方便。人们可以在超级市场内购买到日常生活所需的绝大部分商品，自动标价、计价、结算效率高，也节省了大量时间。另外，由于商品的价格相对比较优惠，受到广大消费者的欢迎。

1.2.2 超级市场的设计要求

超级市场作为现代人们活动的重要场所之一，打造一个舒适、时尚、个性化的超级市场商业空间是每个超级市场经营者都必须考虑的问题，尤其是当今社会的消费者购物心理与行为均发生了很大的变化，购物方式也出现了多元化、个性化和情感化的倾向。在这种情况下，超级市场室内环境作为购物空间场所能够起到广告信息媒体的作用，并能成为表达企业形象、传递商品信息和体现经营实力的象征。

同其他商业空间一样，超级市场的建筑规模、使用对象、功能要求、周围环境、卫生消防等内容也是空间设计需要考虑的。在具有丰富的商品、完备的服务措施的基础上，超级市场的空间设计要创造一个具有科学性、舒适性、艺术性的购物场所，才能满足购物者的心理需求。个性化和情感化的空间环境能够使人们产生休闲和购物的欲望，影响其购买行为，这正是超级市场空间环境设计所要达到的重要目的。

在确定设计构想基础上，整体上要对超级市场室内的功能布局、通道安排、空间组合、界面处理、色彩选配、采光照明、展示陈列、广告标志、绿化配置、安全防护等进行具体设计，处理好与设备系统的协调关系。具体而言，也要分重点空间和次要空间。如超级市场入口位置是人流汇聚的中心，其内空间应尽量开阔，并留有足够的缓冲空间保证顾客方便进入和顺利疏散。入口的通道设计应结合超级市场空间的整体布局来设置，避免出现"死角"，具有引导性的动态流线设计非常重要（图2-1-6）。

图2-1-6　超级市场入口处

1.3 购物中心

1.3.1 购物中心的概念

购物中心是指多种零售店铺、服务设施有计划地开发、管理、运营在一幢建筑物内或一个区域内，向消费者提供综合性服务的商业集合体，通常包含数十个甚至数百个商业空间，业态涵盖超级市场、专业店、专卖店、餐饮店以及娱乐、健身休闲空间等。如图2-1-7所示，瑞士西区购物中心是一个大型的城市规模建筑，总计达到1 393 545.6平方米，除几十家商店、餐饮店外，另有各色酒店、综合影院等。

购物中心一般选址为中心商业区或交通要道，根据选址和商圈的不同，可分为近邻型、社区型、区域型等。购物中心由发起者有计划地开办，实行商业型公司管理，中心内设商店管理委员会，开展广告宣传等共同活动，实行统一管理。内部结构由百货店或超级市场等作为核心店，与各类专业店、专卖店等零售业态和餐饮、娱乐设施共同构成，服务功能齐全。

随着经济、文化的发展，商业购物活动已超越了传统的社会功能和意义，与旅游结合，逐渐成为一种娱乐文化。作为城市中最有活力的部分，商业购物中心常常位于人口密集的中心区，在城市经济活动中占有重要地位，往往标志着城市经济的兴衰，反映城市的形象特征、人文历史风貌等。

1.3.2　购物中心的设计要求

好的购物环境设计不仅体现了一定的艺术美，也反映了企业独特的经营理念与风格，在众多的竞争者中能够给消费者留下更深刻的印象，并且还能使消费者更舒适地购物，产生一定的空间忠诚感，进而产生重复购买欲望。为了使购物中心成为具有多种功能、进行多项活动的现代化综合性商业中心，在设计中应考虑如下方向发展以形成高度综合性的大规模商业空间（图2-1-8）。

①创造形式与内容各具特色的室内外环境。

②适应不同层次、年龄、性别的顾客需求。

③复合化、集约化、多元化方向发展。

购物中心是为顾客提供商品和服务的立体空间，独具风格的购物环境和强烈的视觉感与其运营情况息息相关。它的空间设计不仅要科学、合理地分区布局设计，还应考虑到包括以人为服务对象的购物环境舒适性、方便性等，具体有以下几点。

（1）空间设计的科学性、层次性

购物中心的空间设计是在合理分区布局的基础上进行的，设计者要在对经营商品的种类、数量，经营者的管理体系，消费者的心理和购买习惯以及空间本身的形状、大小等各种因素进行统筹考虑后，运用各种空间分割方式来进行划

图2-1-7　Westside Bruennen瑞士西区购物中心内部场景/Daniel Libeskind

图2-1-8　迪拜购物中心外景

分。如根据顾客的购物习惯及消费心理来安排货位，或者根据人流、物流的大小、方向等来确定通道的走向和宽度，也可以根据经营商品的品种、档次等来划分销售区域。

（2）空间的安全性

购物空间的安全性对消费者选择购买目的地也有较大的影响，并且国家现行规范中也以安全性作为设计的先决条件。因此，要考虑设备安装设计的安全性，空间设计中要避免可能对消费者造成伤害的现象，空间内部必要位置应有提示性标志，如安全提醒等。

（3）空间设计的舒适性

购物环境的舒适与否影响消费者在空间中的感受，进而影响到销售情况。恰当运用色彩、灯光、材质及配合商品设置引起视觉注意的装饰设施等，提高购物环境的舒适度，能够增加消费者前来的次数和逗留的时间，达到提高销售的目的。

（4）空间设计的识别性

空间识别性是经营者根据自身的经营范围、经营特色、建筑结构、环境条件、管理意图等因素确定经营主题，并以此为出发点进行相应的空间设计。设计可根据商品的特征及时节、消费者心理等因素进行，利用色彩对消费者的心理影响促使其产生联想。

一个好的购物中心不单要有好的购物空间，还要能持续保持一种活力，通过经常对某些空间元素如陈列、色彩、商品结构等合宜的调整，达到顾客常往常新的效果。灵活变化空间"装束"，使其更人性化、更蓬勃亲切。

商业展卖空间设计不仅是对空间的美化，也是对商业内部空间功能的最有效利用，使布局更加合理，以满足消费者的购物需要，使商业空间更加完善。商业空间中不同的色彩、尺度、材质、造型等因素给人的心理传达不尽相同，消费者的构成成分及需求、心理状态等都需要进行调查和研究。不同年龄、性别、职业、民族、地域和信仰的人，对同样的商业空间环境也会产生不同的心理反应和需求。这些都要求设计师注意运用各种理论以使商业空间设计符合消费者的心理需求，以更好地调动消费者的能动作用，创造舒适的商业空间购物环境。

第二节　餐饮空间

2.1 餐饮空间的概念

餐饮空间是食品生产经营行业通过即时加工制作、展示销售等手段，向消费者提供食品和服务的消费场所，有中餐厅、西餐厅、自助餐厅、风味餐厅、咖啡厅、酒吧、茶馆等类型。

餐饮空间的设计不同于其他公共空间设计，餐饮空间不仅是人们享受美味佳肴的场所，还具有人际交往和商贸洽谈的功用，就餐环境的好坏直接影响人的消费心理。

人们需要一种释放压力、轻松温馨的氛围。餐厅是最能体现空间个性的场所之一,每个餐厅都有其特色与主题,而这个主题又与其经营的菜系息息相关,格调较高的餐厅还会将丰富的哲理与生活态度蕴含在室内设计当中。

如图2-2-1所示,设计师利用原有的层高创造出高低层次,丰富了空间的视觉感受,以一片用薄竹板编织、从墙面延伸至天花板的巨大镂空顶棚重新塑造了空间。透空的竹网不仅保持了原有的层高优势,还使上下层有了微妙的互动关系,而以透光竹板包覆四壁形成的灯箱则使原本沉重的混凝土体量视觉上变得轻盈。

2.2　餐饮空间的分类

2.2.1　中餐厅

中餐厅以品尝中国菜肴、领略中华文化和民俗为目的,其装饰风格、室内特色及家具与餐具、灯饰与工艺品,甚至服装等都围绕文化与民俗展开设计创意与构思。如图2-2-2所示,晋家门使用具有山西代表性的木制建筑结构和适当的木雕门板及石雕来营造整个环境氛围,西北朴素而真诚的粗犷感被精细地收纳在偏现代的设计中。恢宏的梁柱结构是餐厅的主要框架,巨大的实木方柱、大门和棂花门组合出浓厚的大院感。

2.2.2　西餐厅

西餐厅泛指以品尝国外(主要是欧洲和北美)的饮食,体会异国情调为目的的餐厅。西餐厅的空间装饰特征总的来说,富有异域情调,设计语言上要结合近现代西方的装饰流派而灵活运用。西餐厅的餐桌多采用二人桌、四人桌或长条形多人桌。氛围主要特色有淡雅的色彩、柔和的光线、洁白的桌布、华贵的线脚、精致的餐具和恬静的背景音乐。

图2-2-1　杭州唐宫海鲜舫/张永、于跃、吴瑕、王兆铭

图2-2-2　晋家门餐厅/何晔

如图2-2-3所示,餐厅中央悬挂着耀眼的水晶吊灯宛如盛装礼服的裙摆,造型姿态摇曳。沿窗而置的典雅真皮餐桌配紫檀木餐椅,桌上精致的水晶摆设,配套法国顶级餐具,衬托出经典与时尚结合的法式浪漫气质。

2.2.3 日式餐厅

日式餐厅以典雅、清丽、质朴为特色,受禅宗影响的日本传统审美思想,推崇少而简约的风格基调,重视细节、自然,讲究简单、质朴的精神含义。如图2-2-4所示,棕色的开放式天花板之下,倾斜的木制屋顶结构在建筑上对传统的日式家居酒屋作出了新的诠释。在铁板烧台面和长木台的上方悬挂着以空酒瓶和钨丝灯泡装配成的灯饰,使日式的特色更加独特地在每一个点都展现出来,整体温暖的色调又产生随意却非常一致的图案。

2.2.4 东南亚餐厅

热情而神秘的东南亚不仅是旅游胜地,更是美食的天堂,东南亚餐厅体现其地域文化的特性,将本土材料在建筑和室内装饰中合理运用,体现地域文化艺术,注重自然景观的紧密结合。可以说,东南亚风格是一种混搭风格,不仅和印度、泰国、印度尼西亚等东南亚国家有关,还代表了一种氛围。

如图2-2-5所示的泰式餐厅Mango Tree,设计灵感沿自泰国常见的芒果树,设计师希望把该树独有的形态带进餐厅,并以精心的布局及设计打造出时尚、典雅的空间,手工编织而成的浅啡色织席屏风呈现出精湛的手工艺术。

图2-2-3 澳门新葡京酒店天巢法国餐厅/陈幼坚设计公司 & Curiosity. Inc

图2-2-4 圣家居酒屋/泛纳设计事务所

图2-2-5 中国香港泰式餐厅Mango Tree /梁志天

2.3 餐饮空间的设计要点

餐饮业是竞争十分激烈的行业，除经营内容要有风味特色外，餐饮空间必须特色化、个性化，才能取得更多竞争优势。环境氛围舒适、雅致，具有浓郁的文化气息，让人不仅享受到厨艺的精美，又能领略到饮食文化的情趣，吃出品位，吃出风情，方能宾客盈门。因此，餐饮空间设计的构思与创意对餐饮店的成败具有举足轻重的作用，构思要巧妙、创意不落俗套、重视精神表现是餐饮空间设计不可或缺的因素。另外，还要考虑规律性、可识别性与舒适性，以及留出必要特色的交通空间。如图2-2-6所示，长廊尽头的墙上刻着中国经典建筑之一太原永祚寺的蓝色斗拱，反映出餐厅的主题，一盏盏中式立灯在窗花式的铜雕天花板下，反射出奇妙的对比，呈现中国传统文化景致。

图2-2-6　"融"餐厅/利旭恒、赵爽、张超

在大餐厅中应以多种有效的手段（绿化、半隔断等）来划分和限定各个不同的用餐区，以保证各个区域之间的相对独立和减少相互干扰。

室内色彩应建立在统一的装饰风格基础之上，如西餐厅的色彩应典雅、明快，以浅色调为主；而中餐厅则相对热烈、华贵，以较重的色调为主。除此之外，还应考虑到采用能增进食欲的暖色调，以增加舒适、欢快的心情。

室内应主要选用天然材质，以给人温暖、亲切的感觉。另外，地面还应选择耐污、耐磨、易于清洁的材料。

各种功能的餐厅应有与之相适应的餐桌椅的布置方式和相应的装饰风格。

顾客就餐活动路线与送餐服务路线应分开，避免重叠，同时还要尽量避免主要流线的交叉。送餐服务路线不宜过长（最长不超过40m），并尽量避免穿越其他用餐空间。在大型的多功能厅或宴会厅应以配餐廊代替备餐间，以避免送餐路线过长。

在遵循餐饮空间设计原则的基础上，餐饮空间有一定的限定，围合空间的实体形态千变万化，但实际上都可以归纳为两类，即水平实体限定空间（如地面、顶棚等，图2-2-7）和垂直实体限定空间（如列柱、隔断、家具等，图2-2-8）。

图2-2-7　水平实体限定空间

图2-2-8　垂直实体限定空间

第三节　酒店空间

3.1 酒店的概念

酒店是为消费者提供安全、舒适的歇宿和饮食的商业空间，令其得到短期的休息，具体地说就是通过出售客房使用权、餐饮及综合服务设施向消费者提供服务，从而获得经济收益的机构。生产力的发展促进了酒店行业的发展，而商业活动的产生是酒店出现的必要条件，随着商业活动使人类扩大活动的范围，从而产生居住等更多的需求，使酒店的基本功能日益增加。

随着酒店行业竞争的不断加剧，酒店企业间并购、整合与资本运作日趋频繁，优秀酒店企业愈来愈重视对行业市场的研究，特别是对企业发展环境和客户需求趋势变化的深入研究。在酒店的数量规模增大、设施档次提高、竞争激烈的情况下，质量竞争成为关键，同时消费者对酒店的空间以及个性化的服务提出了更高要求。如图2-3-1所示，设计者设计了三种方形的天井分别对应不同的自然风格形成空间装饰，从底部贯穿整栋建筑，将整个酒店分开的建筑和房间形成一个流动的空间。开窗作为一个重点设计，不少房间都是三面开窗，从每个房间看出去的风景各不相同，被作为取景框的窗户的设计也各有不同，形成独特的景观。

图2-3-1　厦门无垠酒店/间筑设计

3.2 酒店空间类型

3.2.1 主题型酒店空间

主题酒店是以某一特定的主题来体现酒店的建筑风格、装饰艺术和特定的文化氛围，并围绕这种主题建设具有全方位、差异性的酒店氛围和经营体系，从而营造出一种无法模仿和复制的独特魅力与个性特征，实现提升酒店产品质量和品位的目的。与此同时，将服务项目融入主题，以个性化的服务取代一般化的服务，让消费者获得欢乐、知识和刺激。如图2-3-2所示，马戏团风格的主题酒店，整个创意充满超现实主义的魅力，满墙的马戏团彩绘意在致敬维也纳源远流长的马戏团文化。

主题酒店是集独特性、文化性和体验性为一体的酒店。

① 独特性。独特性是酒店的战略出发点，要成为酒店的核心竞争力。主题酒店之间的差别在于主题的不同，从而给消费者带来不同的体验。

② 文化性。文化性体现了酒店对内涵的追求，文化是酒店经营的战术和手段之一。主题酒店文化与一般意义上的酒店文化是不同的概念，一般酒店文化的核心是指服务文化，主题酒店的文化是以酒店文化为基础，围绕主体素材来挖掘相应的主题文化，体现以人文精神为核心、以特色经营为灵魂、以超越品位为形式。

③ 体验性。体验性是酒店所追求的本质，酒店要实现给消费者独特的体验来获得利润，这是酒店经营的最终目标。主题酒店追求差异，但这并不意味着主题酒店之间只有差异，在本质上主题酒店之间是相通的，即给消费者的体验。标准化、规范化的服务带给消费者良好的体验是现代酒店的核心，主题酒店的发展同样有相同的模式。

独特性、文化性、体验性在主题型酒店中相互渗透，没有独特性和文化性就没有体验性；没有体验性，独特性和文化性就脱离了主题酒店经营的目的，三者缺一不可。因此，在这一类型的酒店空间设计中，要遵循其性质特征。如图2-3-3所示，洛杉矶比佛利山庄的四季酒店以"向永恒的好莱坞魅力致敬"为主题，展示了20世纪40年代的好莱坞魅力。

图2-3-2　维也纳25hours酒店客房/ Dreimeta Armin Fischer

图2-3-3　Four Seasons Hotel/SFA

3.2.2 经济型酒店

经济型酒店又称有限服务酒店，以大众旅行者和中小商务者为主要服务对象，以客房为唯一或核心产品，价格低廉、服务标准、环境舒适、硬件上乘，是性价比较高的现代酒店业态。经济型酒店并不是廉价酒店。投资较少、运营成本低是经济型酒店的特征之一，其本质是负担小、回报快。强调客房设施的舒适性和服务的标准化，突出清洁卫生、舒适方便的特点。经济型酒店的目标市场是一般商务人士、工薪阶层、普通自费旅游者和学生群体等。经济型酒店一般在经济发达、人口流动快、密度高、交通方便、市政设施成熟的城市或地区生存，经济落后的地区反而很难诞生真正意义上的经济型酒店，如中国第一个经济型酒店品牌锦江之星属于上海锦江集团旗下，从这一方面来看，经济环境的影响可见一斑（图2-3-4）。

在进行经济型酒店的空间设计时，客房是最重要的经营项目，应占酒店建筑总面积的70%～80%，餐饮、康乐、会议等配套设施很少或没有，经济型酒店的大堂是精致而实用的。并不希望客人在酒店公共区有长时间停留，酒店的运营、调度、监控、财务功能都设在前台区域。经济型酒店的客房区域满足使用功能即可，房间面积不需太大。

3.2.3 商务型酒店

商务型酒店是在经济型酒店基础上提高一个档次的业态，具备高品位、舒适、时尚，致力品牌培育和酒店发展。商务型酒店根据自身客观情况定位，以商务客人为主，根据不同的商务人群层次提供有针对性的服务。对于事务繁忙的商务客来说，酒店还要有宴会厅、会议室和商务中心。如图2-3-5所示的宴会厅，顶棚和墙面使用了多种木材，赋予不同表面各异的图案和纹理。

商务型酒店的地理位置要具有优越性，交通便利，临近商务密集区，便于组织各种商务活动和会议，能接触到潜在的商务合作对象；离休闲中心近，有利于商务客人办公结束后的休闲活动等。

图2-3-4　锦江之星外景

图2-3-5　印度班加罗尔Vivanta by Taj现代酒店的宴会厅/ WOW建筑事务所

　　商务型酒店的空间风格、设施设备、服务项目等应根据特定消费需求特征加以配置和集成，如传真、复印、语言信箱、视听设备等。酒店还要提供各种先进的会议设施便于客人召开会议，客房里的设施设备也要符合他们的需求，便于办公。总而言之，商务型酒店的空间设计也要综合相应特点来考虑。

　　一般商务旅客对住宿、通讯、宴请、交通方面较为讲究，注重酒店的环境和氛围。因此，为了满足消费者的物质需求和心理需求，不论是酒店设施设备的配备，还是提供服务的质量，要求都比较高。例如，米兰努酒店提供具有现代化设计感的住宿，设有免费停车场、免费无线网络和一间位于顶楼的餐厅，距离米兰各著名景点较近，如图2-3-6所示，原木色形成的静谧氛围中，恰当的位置距离使人们在交流的同时，确保私密性，颇具人性化。

3.2.4 度假型酒店

　　度假型酒店主要是为消费者旅游、休假、疗养等提供食宿及娱乐活动的一种酒店类型，一般都建在风景优美的地方，从而让旅客在名山大川或魅力乡村去感受大自然。度假型酒店因地域、经济、文化的不同而具有地方性、灵活性和多样性的特点。宝格丽度假酒店吸收了巴厘岛独特的建筑风格，并延续了其品牌的浪漫风情。酒店蔓延于断崖而建，如图2-3-7所示，四面被广阔海洋包围着，古老手雕房屋重组而成的亭阁等原汁原味的巴厘岛文化充实整个空间，令人心旷神怡。

图2-3-6　米兰努酒店/Nisi Magnoni

图2-3-7　巴厘岛宝格丽度假酒店/Antonio-Citterio

度假型酒店可分为两种。一种是观光度假型酒店，这类酒店要求地理位置比较独特，多位于海滨、草原、海岛、森林、雪山等拥有独特旅游资源的地方，并且能够提供多种旅游活动等，在饮食上最好能有当地特色的菜式。另一种则是休闲度假型酒店，这类酒店不一定要有良好的旅游资源，但一定要是安静、舒适、绿化的自然环境，因为这类酒店的消费者大多希望逃离城市的喧嚣，放松身心、释放压力。度假型酒店在为消费者设计所需的娱乐时，应将酒店特点与消费者需要结合。如图2-3-8所示，阿卡普尔科度假酒店给人的第一印象是纯色和线条，这里紧邻生态保护区，周围环绕着阿卡普尔科丰富多样的美丽风景，使人既能享受面朝大海的舒适，也能体验高科技与极简艺术的生活化融合。

各式各样的度假酒店既要反映当地特色又要迎合市场需求，因此设计者就不得不从以下方面来考虑其空间设计。

① 完善且独立的生活配套设备。度假型酒店除符合消费者的生活习惯和品位，提供与日常生活相衔接和融合的居住设施和环境外，也有以新颖独特的住宿形式来吸引消费者的，并且度假型酒店的氛围要求更加舒适、安逸、完善、周到。从居住的角度看，度假型酒店犹如多个设施完善且相对独立的居住单元体的集合。

② 综合性的休憩、娱乐服务设施。在度假型酒店人们所追求的是身心愉悦和放松，不同类型的度假型酒店具有不同种类的休憩、娱乐服务设施。如现代城市度假型酒店应体现现代化和综合性的特点，而乡土生态型则更强调游人对传统娱乐设施的感受。当然根据需要，也可以将不同类型娱乐设施融合在一起，使度假型酒店生活更为精彩。如图2-3-9所示的棕榈泉假日酒店，酒店葱郁的庭院中央有一个宽大的游泳池，另外还配有SPA场所、瑜伽训练室和滚球球场。

③ 多元文化的综合体。度假型酒店一般集中了不同地域风格和不同文化特征，再加上其所在地的民风乡情以及为符合酒店主题而设的特色设施和活动，度假型酒店成为一个多元文化的综合体。

图2-3-8　墨西哥阿卡普尔科度假酒店/Miguel Angel Aragonés

图2-3-9　加州棕榈泉假日酒店/ Peter Stamberg & Paul Aferiat

3.2.5 精品酒店

精品酒店是指位于大型商业圈内，配置一整套高标准硬件设施和酒店服务系统，为城市高端人群提供便捷、时尚和舒适生活居住的物业。精品酒店是一种独特的酒店类型，其基本定位和功能在世界酒店行业中已经获得比较广泛的共识。如图2-3-10所示，POD精品酒店位于桌山（Table Mountain）脚下，不远处就是坎普斯湾海滩，是为那些寻求海滩奢侈美景的消费者提供周到而时尚的服务，酒店房间巧妙排布，每一个房间都能领略坎普斯湾海岸、桌山、狮子头山或12门徒山的美丽景色。石材、木材和花岗岩等天然建材则将酒店装饰得粗犷而原始，开放式空间布局搭配宽大的玻璃幕墙，保证了房间的光照和视野。

精品酒店大致可以分为如下几种。

① 时尚酒店或微型都市型的精品酒店。这类酒店将都市的活力引入酒店内，设计时融入新的元素，如大堂中间设计一座雕塑或喷泉等。这类酒店在款待消费者的同时吸引那些不消费但有品位的当地访客来聚集人气，并通过酒店内的其他娱乐设施来创造室内都市化。

② "梦境型"的精品酒店。这类酒店以经验设计手法给顾客带来一种整体的体验：一个设计中的世界、一个现代科技化的空间、一种"表演艺术型"酒店的文化天堂。设计概念中包括数码科技系统，如从渐变的色彩到图片、影像等一切信息投射在墙面上。

③ "生活方式型"的精品酒店。这类酒店常被设计成超现实的室内环境，或是产品设计师将他们的个人风格展现成三维景象应用于该酒店的设计中。

④ 情侣酒店。这类酒店是专业服务于夫妻、情侣的特色酒店，围绕其消费心理和消费行为，针对性地进行客房设计，装修以浪漫、温馨、激情的风格为主，倡导爱情的居住理念和经营风格。

图2-3-10 坎普敦POD精品酒店/Greg Wright Architects

　　精品酒店的出现源自成熟的经济基础和长期积淀的文化底蕴，是一种反标准化的产品，代表的是一种与主流酒店的标准化和雷同化相对应的个性化产品。精品酒店的设计不能千篇一律，要独特而新鲜，除了沿袭高星级酒店的奢华外，更讲究精细。无论是酒店外观设计，还是内部的装饰设计，都要体现个性、风格，在"精"中刻画出文化、艺术与服务。精品酒店能融入现代都市的时尚色彩，成为都市的特色地标。如图2-3-11所示，Nolitan Hotel是位于纽约市的一家精品酒店，它是在一栋老式建筑旁边加盖的新楼，二者融为一体。不规则的落地窗设计和黑白分明的色彩则赋予这座建筑以纽约市的现代简约，尤其是夜晚更显得醒目。内饰设计同时融合了简约大都市和美式乡村两种风格。

图2-3-11　Nolitan Hotel/Grzywinski+Pons

第四节　休闲、娱乐空间

4.1 休闲、娱乐空间的概念

　　休闲、娱乐空间是人们进行公共性娱乐活动的空间场所，它随着社会经济迅速发展，设计要求也越来越高。如图2-4-1所示，香槟金梁柱驳接天花板与复式楼地板，左右梁柱盘旋至天花板平铺，将品牌字符巧妙植入空间中。做旧橡木地板、错落有致的木质红酒桶、香槟色金属鸟笼、墙射灯饰的设计选材运用无一不用质朴、简约、精细的细节布局表达出谦虚、内敛的雅致情怀。休闲、娱乐空间包括电影院、歌舞厅、KTV、电子游艺厅、棋牌室、台球厅等，也有将多个娱乐项目综合一体的娱乐城、娱乐中心等。

休闲、娱乐项目由很多不同类型模式组成，随着娱乐业的不断成熟，娱乐模式及消费群体的细分更加明显及专业化，因此在项目策划时要明确方向，确定娱乐的模式及不同的消费群体。

4.2 休闲、娱乐空间的分类

4.2.1 歌舞厅、KTV空间

歌舞厅、KTV空间一般比较活泼，但也有明确的区分。这些娱乐场所的尺度处理应该使消费者感到亲切。为避免噪音的折射，在造型上多运用弧线、曲线，装饰材料上以吸音材料为最佳选择（图2-4-2）。

图2-4-1　成都1982红酒音乐生活馆/陈武

图2-4-2　The Ultimate Brazilian DISCO/Guto Requena & Mauricio Arruda

图2-4-3　红酒吧/Naço设计事务所

图2-4-4　上海世博会Kyly桑拿屋/Avanto Architects
Ltd（Ville Hara & Anu Puustinen）& Architects SAFA

4.2.2　酒吧空间

酒吧是以吧台为中心，其空间布局中最重要的一点就是因地制宜。由于酒吧空间功能的单一性，因而注重的不是功能，而是风格，即酒吧的特色。酒吧在空间处理时，应尽量以轻松随意为主。根据酒吧经营的性质，在处理酒吧空间时，可以把大空间分成多个小尺度的部分，这样可以促进人与人之间的相互交流（图2-4-3）。

4.2.3　洗浴空间

现代洗浴空间从功能到设施一改以往的池式洗浴、洗泡、喷淋这一单调模式，逐渐发展为以洗为主、以养为辅，多品种、多功能的洗浴模式。现代洗浴空间主要是为了解除都市人生活、工作之劳累，集洗浴和休闲为一体的公共场所。比较大型的洗浴空间具体项目、区域的划分清晰，如更衣区、淋浴区、蒸汽区、桑拿区、搓澡区、牛奶区等空间，还设有附属空间如理发室、按摩室、客房、氧吧等。

洗浴空间的专业设备一般都是成套化或装配化的，在设计过程中要注重各功能区域的合理划分，尽量避免交错和重复活动。一般情况下，要注意在冷热水管布线上避免过长和转弯过多；尽量使用防雾、防水的灯具，同时保证排风良好；材料的使用上，一般为大理石和钢化砖；天花板必须要有一定的高度，在视觉上有通透感，还要注意通风。

如图2-4-4所示的桑拿房，桑拿是芬兰语音译而来，原指一个没有窗子的小木屋，芬兰人不断改进桑拿浴的设备和洗浴方式，但小木屋的传统形式却保留了下来。上海世博会芬兰馆中的Kyly贵宾桑拿屋使用大量的木材建造，强调桑拿中的各个步骤，提供了一个仪式感极强的桑拿洗浴空间。设计师采用中空的木材逐层叠加的方法减轻其重量，但仍保持了木材的感觉，纯粹的木材气味、材质肌理和声学特质带来了强烈的感官体验。

休闲、娱乐空间通过一定的设计理念营造出某种氛围，是其空间语言语境体现的重要特征之一。设计语境使设计者在设计过程中糅合了文化观念并随着人

图2-4-5　BLUB LOUNGE CLUB/ Elia Felices Interiorismo

们个性要求的改变而改变。不同的娱乐方式有不同的功能要求，在娱乐空间中，装饰手法和空间形式的运用取决于娱乐的形式，总体布局和流线分布也应围绕娱乐活动的顺序展开。在有视听要求的娱乐空间内（如电影院和歌舞厅）应进行相应的声学处理，而且应注意将声学和美学有机地结合起来。

如图2-4-5所示，BLUB LOUNGE CLUB是一个美妙的海底世界，灯光、装饰、家具和空间的形态刻意营造出水下的感觉，光线穿过绿植和支架的缝隙洒落到整个室内，宛若海底不知名的光亮，仿佛都能感受到海底水流的涌动。蓝绿色的发光吧台，也是营造水底世界的手段之一。

休闲、娱乐空间设计有两点是需要注意的，一是娱乐空间中的交通组织应利于安全疏导，通道、安全门等都应符合相应的防灾规范。所有电器、电源、电线都应采取相应的措施保证安全，织物与易燃材料应进行防火阻燃处理。二是娱乐空间应尽量减小对周边环境的不良影响，有视听要求娱乐空间应进行隔音处理，防止对周边环境造成噪音污染，照明措施也应符合相关的法规，防止造成光污染。

思考与练习

1. 商业空间的类型有哪些？它们各自有哪些设计要求？
2. 寻找身边的商业空间类型，并结合自身知识结构分析其优缺点。

第三章　商业空间设计内容

商业空间设计是室内空间设计中内容最为丰富、施工构造最为复杂、材料科技含金量最高、设计思想最为活跃的，本章着重选择了空间内容设计作为陈述对象，对相关概念、空间构成、规划通道等进行详细讲述。

第一节　商业空间的组织构成

商业空间的设计目的是以其合理的功能、完善的设施和服务来达到销售商品、促进消费的目的。而不同的商业空间在功能上和设施的设置上会有较大的差异，但从其空间与服务性质的关系上来分，都有直接与间接的区别。因此，不论何种类型的商业空间，一般均可在空间功能上区分为"直接营业区"和"间接营业区"。

1.1 展卖空间

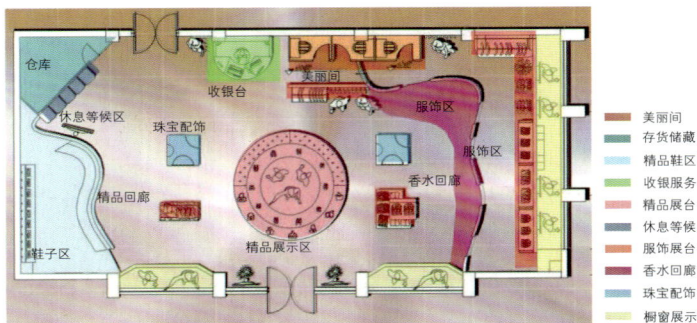

图3-1-1　服饰专卖店分区图

展卖空间的直接营业区通常分为引导区和商场区两部分。外立面、入口及展示橱窗等通常被视为引导区，而商场区则除了包括销售设施（收银台、货架、橱柜等）以外，通常还包括提供服务性设施的区域，如顾客休息区、化妆室等。营业区则包括商品的储藏、配货、内部的管理等，大型的商场内部管理则更为复杂、细致（表3-1-1、图3-1-1）。

表3-1-1　展卖空间的功能区

功能分区＼类型	专卖店	超级市场、文体用品店	购物中心
直接营业区	橱窗、货架、收银台、试衣间、顾客休息区	入口、货架、收银区	引导区、售卖区、收银台、更衣室
间接营业区	商品储藏区	商品储藏区、配货区、内部管理区	仓库、配货区、内部管理区

1.2 餐饮空间

餐饮空间的直接营业区包括入口引导区、接待等候区、就餐客席（散席及包房等）及提供辅助服务的衣帽间、化妆间等；间接营业区则包括厨房与管理（包括仓库、冷藏等）两大部分。餐饮业因营业的品种不同，对厨房及设施的需求有很大的区别，餐饮业中的厨房虽然属于间接营业区，但它却是全店设计的重点之一，其功能与作业流程对于整个餐饮空间的设计有着很大的影响（表3-1-2、图3-1-2）。

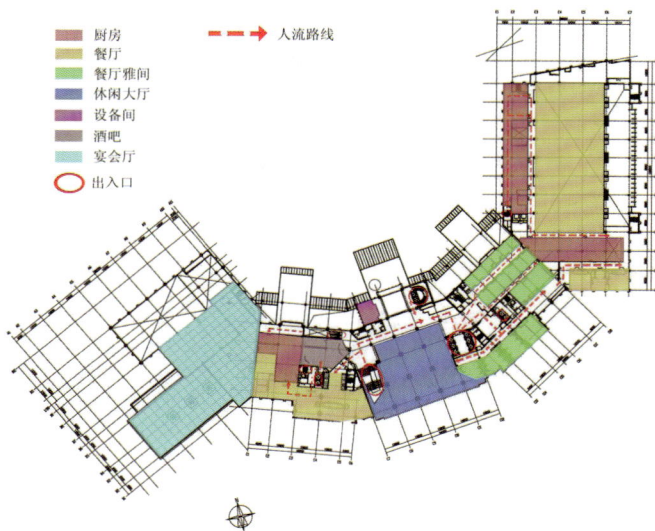

图例：
- 厨房
- 餐厅
- 餐厅雅间
- 休闲大厅
- 设备间
- 酒吧
- 宴会厅
- ○ 出入口
- - -→ 人流路线

图3-1-2 餐厅功能分区图

表3-1-2 餐饮空间的功能区

空间类型		餐厅		酒吧、咖啡店、茶馆、饮料店	
空间功能分区	就餐服务区	散席区、包房区、宴会厅以及附带的洗手间、等候区、衣帽间、收银区等	吧台区	调酒区（备餐区）、收银区等	
	内部管理区	管理办公室、员工休息室、更衣室、餐具室、调料仓库、员工洗手间、干货仓库等	管理区	办公室、员工休息室、更衣室、仓库、员工洗手间等	
	厨房区	冷菜间、点心室、洗涤区、烹调区、洗碗室、仓库、冷冻库、出菜间等	休息区	散席区、包房区、舞池以及附带的音控室、洗手间、等候区、衣帽间等	

1.3 酒店空间

酒店空间的直接营业区通常分为公共服务区和客房区两部分。间接营业区包括酒店内部的管理区等。酒店空间因酒店的类型不同，具体区域也相应有所区别（表3-1-3、图3-1-3）。

表3-1-3 酒店空间的功能区

功能分区 \ 类型	经济型酒店	商务型酒店	度假型酒店
公共服务区	大堂、等待区、卫生间	大堂、休息等待区、会议室、餐厅、咖啡厅、卫生间	大堂、等待区、娱乐区、餐厅、咖啡厅、棋牌室、健身房、卫生间、游泳池
客房区	客房、走道	客房、办公套房、走道	客房、走道
内部管理区	经营者办公区、仓库	经营者办公区、仓库	经营者办公区、仓库

图3-1-3　经济套房布局

图例：
交谈区　休息区　卫生间
办公区　客厅

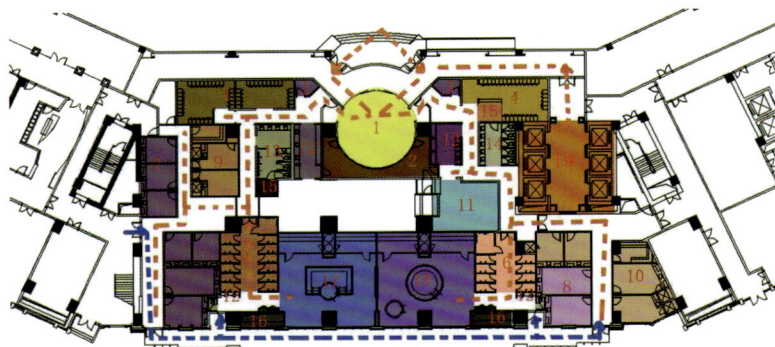

1. 接待处　　5. 男淋浴区　　9. 男桑拿区　　13. 男卫　　　17. 男水疗池
2. 员工区　　6. 女淋浴区　　10. 女桑拿区　　14. 女卫　　　18. 女水疗池
3. 物品存放区　7. 男特色美疗区　11. 美甲　　　15. 残疾卫生间　19. 电梯
4. 更衣室　　8. 女特色美疗区　12. 梳妆台　　16. 管井

图例：
- - - 客流通道
- - - 员工通道

图3-1-4　水疗中心功能分区图

1.4　休闲娱乐空间

休闲娱乐空间包括美容美发、休闲娱乐以及现在时兴的SPA等，直接营业区一般包括入口引导区、接待等候区、主要服务区、贵宾房、衣帽间、化妆间等，间接营业区包括贮藏室、设备区、内部的管理室等（表3-1-4、图3-1-4）。

表3-1-4　休闲娱乐空间的功能区

类型 功能分区	美容美发店	桑拿浴室	舞　厅
服务区	理发区、按摩区、洗头区、休息区、洗手间、更衣室、收银区等	浴池、干蒸湿蒸区、淋浴坐浴区、按摩区、休息区、洗手间、更衣室、收银区等	舞池、休息区（散座、VIP房）、声光控制室、洗手间、更衣室、吧台、收银区等
管理区	管理办公室、员工休息室、更衣室等	管理办公室、员工休息室、更衣室、设备房、仓库等	管理办公室、员工休息室、更衣室、设备房、仓库等

第二节　商业空间界面设计

室内建筑空间是由顶面、地面和四周围合起的墙面所构成的，这六个面都有明确的连接界限，在工程设计中称为界面。位于空间顶部的平顶、吊顶称为顶界面，位于空间底部的地面称为底界面，位于空间四周的墙面、廊柱称为侧界面。人们对室内环境氛围的感受是一个综合印象的概念，既有空间的形状，也有构筑实体的界面，而界面又是视觉的直接形象，因此界面设计是室内设计的关键。

2.1　界面设计的要求

空间界面是以实体材料来体现设计效果的，包括界面设计的线形、色彩、图案和材质选用，以及能够安排这些装饰材料的技术措施，还要熟悉施工制作工艺，如连接、固定方式、制作方法等。空间界面设计还需与建筑内部的设施、设备的设计安装进行周密的协调，使消防喷淋、报警、通讯、监控等设施的安装、尺寸、定位在界面装饰设计中得到全面妥善的布置。

2.1.1 界面设计要符合商业空间的使用功能

室内界面中的顶面、底面是与建筑物呈水平方向的建筑体，在建筑结构上既可以是本层面的地坪面，又可能是下一楼层的顶面楼板；顶面是视角仰视上的界面，地面是视角俯视下的装饰界面。侧面是四面围合起来的垂直面，有墙面、隔墙、隔断，也是视角水平线上的界面。要根据空间使用功能上的特殊要求进行空间界面的设计。如图3-2-1所示，空间内部主要利用方块以及边缘线条组成，整齐有序地从地面分布到墙身，以深蓝色及白色边框作为主调，突出了空间的整体性以及立体感。

2.1.2 界面设计要体现"以人为本"的设计原则

商业空间设计要"以人为本"，把握各个界面设计的特殊要求，使材质和界面功能要求相适应。顶面材质要轻、光反射率高，有较高的隔音、隔热、吸声要求。侧面要坚固、平整性好，具有一定的隔音、隔热、保暖、吸声效果。底面要耐磨、防滑、易清洁等。

2.2 界面的设计造型

2.2.1 界面设计线形的作用

界面设计中，界面边缘交接处的线脚以及界面本身的形状统称线形，这些构件虽是细部处理，但作用重大，涉及设计风格的定位。商业空间的地面、墙面和顶棚的界面处理，从整体考虑要注意烘托氛围，突出商品，形成良好的消费环境。如图3-2-2所示，整个空间由有机曲线构成，形成流线型的、有序上升的、迷幻色彩的景观。

2.2.2 界面形状的造型变化

利用界面上的结构特点，进行"随机应变"和"刻意求新"的设计造型变化，因势利导地形成平面、拱形、折角、错位等不同形状的界面。另外，要从空间使用功能考虑界面形状，如剧场、音乐厅的空间界面要根据声学的音响反射要求，设计反射的曲面或折面（图3-2-3）。但还需结合环境氛围对空间界面加以设计，以取得整体的协调美观。

图3-2-1　Le MISTRAL/JP architects

图3-2-2　The Smokehouse Room /Busride Design Studio

图3-2-3　Dolbeau-Mistassini市剧院/Paul Laurendeau & Jodoin Lamarre Pratte建筑师事务所

2.3 商业空间各界面的设计要点

2.3.1 顶面

顶部界面最能反映空间的形状及空间容量体积的关系，通过顶部界面的设计处理，可以使空间布置与其对应的关系明确，使空间功能的分布有序，建立导向性的心理指引和暗示，梳理清晰空间设计的主从关系，达到突出设计重点和中心的目的。如图3-2-4所示，"U树"由不规则曲线组成，从地板往上生长，延伸至墙面、天花板，并由此创造了不同的功能空间。

商业空间的顶面除以一定的设计造型处理外，在商业建筑空间设计的整体构思中，顶棚以简洁为宜。大型商场自出入口至垂直交通处（电梯、楼梯等）的主通道位置相对较为固定，主通道的顶面也可在色彩、照明等方面作适当呼应处理，使消费者通行时更具方向感。

由于顶面是通风、消防、照明、音响、监视等设施的覆盖面层，因此其高度、造型等与这些设施的布置密切相关。在进行设计时，就必须厘清这些错综复杂的关系。

① 由于商业空间有较高的防火要求，顶面常采用轻钢龙骨、水泥石膏板、矿棉板、金属穿孔板等材料，为了便于管线设施的检修与管理，顶面可采用立式、井格式金属格片的半开敞式构造。

② 消防喷淋与烟感器是防火规范要求安装的消防设置，属于建筑设备设计中的消防系统，其终端喷淋与烟感探头却是安装在装饰顶界面上，它们的定位必须遵循建筑设计的原则。

③ 空调的风口设计是顶界面上的重要内容，要严格按照空调送、回风的技术要求，确定部位，美化设计。

④ 照明、音响设备在顶界面设计中要考虑其位置，使功能与装饰统一。

⑤ 其他相关需在顶面出现的设备终端，都必须妥善安排。

图3-2-4　大树造型的顶棚/DESIGN BON_O

2.3.2　地面

地面是顶面、墙面的承载体，也是空间活动的所在实体。地面不仅在物理性能上要能载重，在审美和心理感受上还要有安全感。商业空间面积较大时，可作单独划分或局部饰以纹样处理，以起到引导人流的作用，对地面选材的耐磨要求也更高一些，常以同质地砖或花岗石等地面材料铺砌。

除大型商场中专卖型的"屋中屋"等地面可以按该专门营业范围设置外，其他展示地面应考虑展示商品范围的调整和变化，地面用材边界宜"模糊"一些，从而给日后商品展示与经营布置的变化留有余地。如图3-2-5所示，地面上交织的黑与白，色彩丰富却不杂乱，恰与屋顶的白色相呼应，营造出明亮而充满个性的空间。

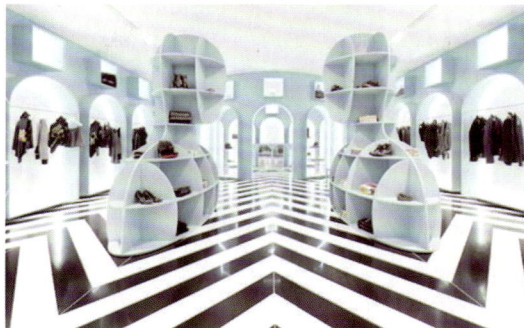

图3-2-5　HIT Gallery 中国香港专卖店/Fabio Novembre

2.3.3　墙面、柱面

空间六个界面的构成中，墙面占据了前后左右的四块界面，是视线接收室内装饰设计信息体量面积最大的形体，其空间形状、质感、纹样及色彩诸因素之间的关系处理非常重要。如图3-2-6所示，餐厅整体空间使用彩绘手法贯穿始终，墙壁上布满的绘画仿佛是在讲述一个魔幻般的故事。

另外，有些商业空间的墙面基本上被货架、展柜等道具遮挡，因此墙面一般只需用乳胶漆等涂料涂刷或喷涂处理即可。但独立柱面往往在顾客的最佳视觉范围内，因此柱面通常需进行一定的装饰处理，如可用木装修或贴以面砖及大理石等方式处理，根据室内的整体风格，有时柱头还需要作一定的花饰处理。

图3-2-6　Miss Ko餐厅/菲利普·斯塔克

第三节　交通空间

消费者进入商业空间，其通行和消费动线组织对空间的整体布局、商品展示、视觉感受、通道安全等都极为重要，因此消费者动线组织在进行空间设计时应着重考虑。

3.1　依据空间功能布局平面规划

一个使用功能合理的商业空间设计，需在绘制平面图的过程中要对"动"与"静"两种空间使用模式进行反复推敲与论证，并将其转化为合理的交通面积与有效的使用面积。功能区的划分是平面布局的第一步，设计师在平面布局阶段不仅要根据使用功能及功能之间的关系进行合理划分，还要考虑客观而理智的动线设计。在设计图中，可通过不同颜色来进行区别，如图3-3-1、图3-3-2所示的服装专卖店与餐饮空间的功能与流线分析。

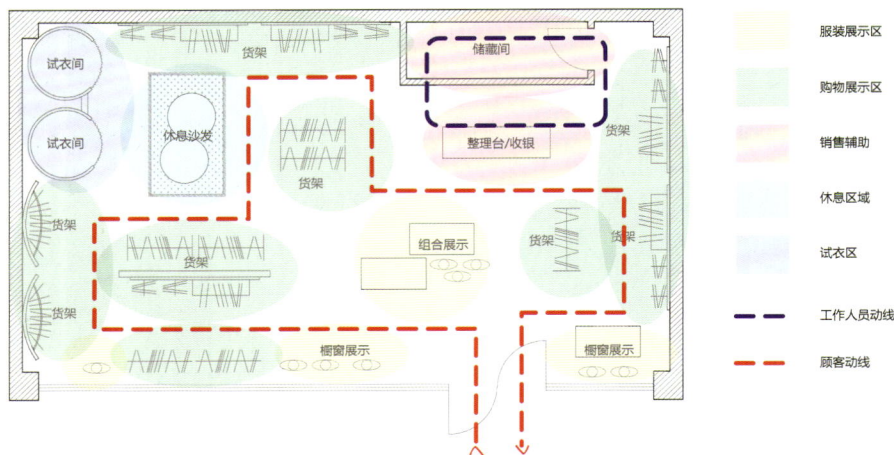

图3-3-1 某服装店功能分析与动线图

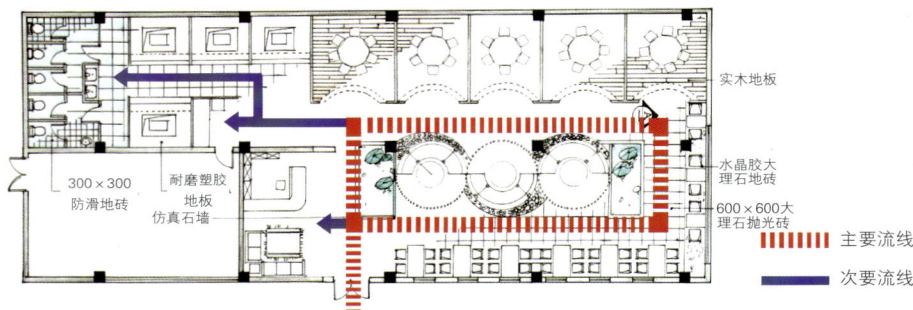

图3-3-2 某餐厅流线分析图

3.2 通道规划的要求与原则

　　商业空间通道是指消费者和销售人员的通行空间，合理的通道规划可以使消费者在空间中通畅地浏览全部商品，并产生消费兴趣。通道设计应满足防火安全疏散的要求，出入口与垂直交通之间的相互位置和联系流线，对客流的动线组织起决定作用。在满足防火安全疏散的前提下，通道还应根据客流量及柜面布置方式确定最小宽度，使消费者通畅地浏览及到达拟选购的展区，尽可能避免单向折返与死角，并能迅速安全地进出和疏散。

通道规划原则可以用两个词来概括，即引导、便捷。商业空间通道规划和城市道路规划非常相似，在城市的道路规划中，规划部分要从道路的数量、分布、宽窄、主副道路的配置以及方便车辆的通过等方面考虑，这一点与营业空间的规划和配置是一致的。

空间通道设计首先要考虑的就是通过性，如东方人平均身宽为600mm，为了方便消费者的通行，主通道宽度通常是以两个人正面交错的宽度而设定的，一般在1200mm以上。最窄的消费者通道宽度不能小于900mm，即两个成年人能侧身通过。供员工通过的通道，至少也应保持400mm宽度。收银台前要考虑消费者排队等候的人流量，可以根据专卖店面积和品牌定位进行规划，一般应保持至少1800mm的宽度。值得关注的是，商业空间通道的设计还要考虑消费者的停留空间。重要位置要留有绝对的空间，因为商业空间最终的目的不是让消费者通过而是停留。

现实中商业空间总是存在不完美的因素，如有的空间进深太深，会使消费者有不安全感，影响进店率；有些空间容易出现消费者不易到达的死角，不利于商品销售。因此在专卖店规划中，对通道和货架的安排要促使消费者按照设计的路径行走，引导消费者进入空间的每个角落，从而达到提高销售的效果。

3.3　空间通道类型

空间通道根据店面大小、经营类型等的不同，规划成不同形状的通道形式，一般常见有以下类型。

（1）直线型通道

一条单向直线通道，或先以一个单向通道为主，再辅助几个副通道的设计，消费者的行走路线沿着同一通道作为直线往复运动。直线型通道是以空间的入口为起点、收银台为终点的通道设计方案，可以使消费者在最短的路线内完成商品购买行为（图3-3-3）。直线型通道布局简洁，商品一目了然，消费者容易寻找货品，便于快速结算，但是容易形成生硬、冷淡和一览无余的气氛（图3-3-4）。

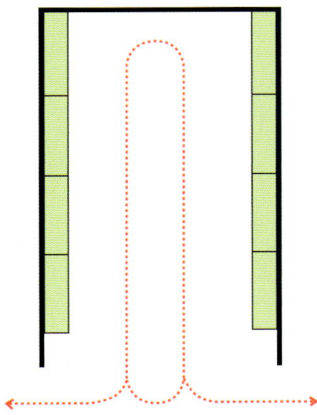

图3-3-3　直线型通道　　　　图3-3-4　墨尔本Sneakerboy概念店/March Studio

（2）环绕型通道

环绕型通道是主通道的布局以圆形环绕整个空间，布局一般有两种，一是R形，即有两个入口，围绕着中心岛的中间通道的动线；另一种是O形，即有一个入口，围绕着中心岛的中间通道的动线（图3-3-5）。环绕型通道具有指向性，通道的指向直接将消费者引导至空间的四周，使其分流并迅速进入陈列效果较好的展柜；通道简洁且有变化，消费者可以依次浏览和购买。这种通道设计适合于营业面积相对较大或中间有货架的商业空间（图3-3-6）。

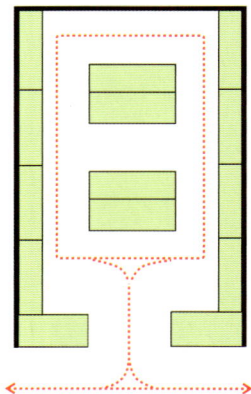
图3-3-5　环绕型通道

图3-3-6　Osaka Shoes中国澳门店/Plotcreative

（3）自由型通道

自由型通道设计有两种，一种是货架布局灵活，呈不规则路线分布的通道（图3-3-7）。另一种是空间中空，没有任何货柜的引导，消费者在空间中的浏览路径呈自由状态。

自由型通道便于消费者自由浏览，突出其在空间中的主导地位，不会有急切感。自由型通道比较浪费空间范围，无法形成引导路线。因此自由型通道设计通常用于价位相对比较高、客流量较少的商业空间（图3-3-8）。

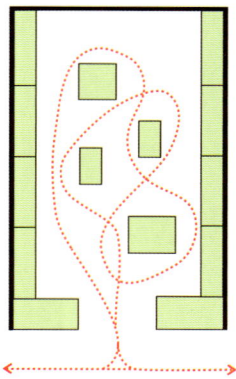
图3-3-7　自由型通道

图3-3-8　生活潮品店KAPOK东京旗舰店/HaKo

3.4 视觉引导

从消费者进入商业空间的第一印象开始，设计者就需要从消费者动线的进程、停留、转折等处考虑视觉引导，并从视觉构图中心选择最佳点，设置展示台、陈列柜或商品信息标牌等。商业空间的视觉引导方法与目的主要表现在以下几点。

① 通过柜架、展示设施等的空间划分，作为视觉引导的手段，引导消费者动线方向并使其视线关注重点展示台与陈列处。

② 通过商业空间地面、顶棚、墙面等各界面的材质、线型、色彩、图案的配置，引导消费者的视线。

③ 采用系列照明灯具、光色的不同色温、光带标志等设施手段，进行视觉引导。如图3-3-9所示，醒目的LED不仅能瞬间抓住人的视线，同时还传达出相关空间信息。

④ 视觉引导运用的空间划分、界面处理、设施布置等手段的目的，最终是烘托和突出商品，创造良好的购物环境，即通过上述各种手段，引导消费者的视线，使之注视相应商品及展示路线与信息，以诱导和激发消费意愿。

图3-3-9　葡萄牙雷阿尔城Lordelo药房/José Carlos Cruz

第四节　展示空间

商业展示空间设计是运用科学技术和现代化的商业管理手段以及便利的物质条件，创造出视觉传达效应，进而改变消费者的购物心理，使其在展示形式的感化下，对商品进行有机选择。商业展示空间设计的目的是为了最大限度地吸引、招徕消费者，必须充分发挥设计者的创造才能和丰富的想象力，创造出标新立异的审美形象。

4.1 商业展示空间的设计原则

（1）真实性

商业展示空间设计必须注重审美创造的真实性，即所传达的信息必须准确，不能夸大其词、虚张声势。否则，违背职业道德不仅会失去信誉，还会造成消费者心理上的不信任感和憎恶感。但强调商业展示空间设计的真实性，并不意味着否定表现手法的丰富性。

（2）直观性

消费者对商业展示物的观赏是在极短时间内完成的。要想在最短时间取得最大信息量，需要设计者对商品的本质内容能直观把握，并将这种直观性通过设计传达给消费者（图3-4-1）。

（3）环境理念

商业展示空间主要是诉诸人的视觉、听觉感受，与人的活动场所——环境有着紧密的联系。在具体设计时必须从整体空间出发，依据所处环境的特点进行综合考虑。

（4）时代感

作为商品与消费者之间的媒介，商业展示空间设计也必然带有鲜明的时代特征。实践证明，较为成功的设计往往具有高强度的刺激感或标新立异的形式感，从而引起消费者的注意（图3-4-2）。

4.2 商业展示空间内容

4.2.1 入口设计

由于开放程度和透明程度给人的感觉不同，根据品牌定位不同，入口设计也各不相同（图3-4-3）。通常中低价位品牌大多采用敞开式的入口设计，开度较大，因为这类商业空间的客流量相对较大，并且这些品牌的顾客群在专卖店中作出购物决定的时间相对较短，对环境要求相对较低。而高端品牌大多采用开启式入口设计，开度较小，因为客流量相对较少，其顾客群作出购物决定的时间相对较长，并且需要一个相对安静的环境。

图3-4-1 苏黎世Albert Reichmuth葡萄酒商店/OOS设计公司

图3-4-2 Shoebaloo阿姆斯特丹店/
MVSA Architects

另外，还要根据门面大小来考虑入口设计。通常门面较窄的空间适合用敞开式和半敞开式，入口宽度适中，明亮通透，顾客能看清店内重点陈列的商品以及其他商品，使顾客产生进店选购的欲望。

无论入口的大小，都必须是宽畅、容易进入的，同时要在门口的导入部分留以合理的空间。在大型商场内部的商业空间，主通道的入口最好直通消费者流动的方向，如电梯的出口。

在进行商业空间入口的规划与布置时，适当考虑陈列具有魅力和卖点的商品，能吸引更多消费者。如图3-4-4所示，入口处的商品展示容易吸引过往的消费者进店观看。

4.2.2　橱窗设计

（1）橱窗展示的特点

橱窗是商业空间的重要标志，一方面商家通过橱窗展示商品、体现经营特色，另一方面橱窗又能起到室内外视觉环境沟通的"窗口"作用。橱窗设计是商业空间设计中的一部分，有着不可或缺的重要地位。橱窗展示作为一种诉诸视觉感官的广告形式，是一种最直接、最有效的广告形式，具有以下几个特点。

① 实物性。橱窗展示是直接通过商品来诉求广告效应的，更容易引起消费者的关注，信息比较直接和真实。用实物展示来说明商品的特性比抽象的概念或图形符号更具说服力，而消费者也更愿意通过自己亲眼所见来主动判断和选择商品。

② 立体性。橱窗展示是在三维空间里立体化地传达商品信息，与通过图形、文字、符号或音像型广告以及通过电视媒体的动态演示有明显的不同。在三维空间的限定范围内需要运用立体构成、空间构成的相关手法来传达丰富的信息。

如图3-4-5所示，以树木为设计主题来进行空间的视图分割，在白色或棕色的背景中表现出矛盾与深度，突显商品。

图3-4-3　意大利Illyteca彩色店面/Metroarea工作室

图3-4-4　商业空间入口展示

图3-4-5　横滨爱马仕橱窗/Nendo设计公司

（2）橱窗的设计手法

衡量橱窗设计的直接标准就是看商品销售的多少。因此让消费者最方便、最直观、最清楚地"接触"商品是设计的首要目标。橱窗的尺度应根据建筑构架、商店经营性质与规模、商品陈列方式以及室外环境空间等因素确定。另外，橱窗的设计还要考虑防止橱窗内展品被晒以及防止橱窗玻璃面产生眩光。总体而言，橱窗设计通常有以下手法。

① 外凸或内凹的空间变化。在商业空间前立面空间允许的前提下，橱窗可向外凸，并将橱窗塑造出一定的形体特色。当空间入口后退时，可将橱窗连同入口一起内凹，这种适当让出空间"以退为进"的手法往往能起到引导消费者进店的作用（图3-4-6）。

② 封闭或开敞的内壁处理。根据商业空间对商品展示的需要，可把橱窗后部的内壁做成封闭的（仅设置可进入布置商品展示的小门），也可以后壁为敞开的或半敞开的，这时整个空间内陈列的商品能通过橱窗展现在行人面前（图3-4-7）。

③ 地下室或楼层连通展示。有地下室或多层商业空间可以适当调整楼地面的位置，使一层空间的橱窗与地下室或与楼层的橱窗从立面上连成整体，从而起到具有特色的展示作用（图3-4-8）。

④ 橱窗与标志或店面小品的结合。结合店面设计构思，橱窗可以与店面的标志文字或反映经营特色的小品相结合，以显示商业空间的个性（图3-4-9）。

为使橱窗内的展品有足够的吸引力，因日光或街道环境照明形成橱窗玻璃面的反射景象不致影响展品的视觉感受，橱窗内的照明需要有足够的照度值，设计时要参照我国照明设计标准。

4.2.3 展示道具设计

（1）展示道具的种类

① 展台。展台是商品展示中的一个重要道具，还起着美观的作用。展台还可以与灯箱一起，用灯光的方式营造商品的氛围。

② 展架。展架在商品展示中用以吊挂、承托、摆放商品，或连接组合展台、展柜等，起到一定的空间隔断作用。

图3-4-6　LONGCHAMP 表参道店/Gwenael Nicolas

图3-4-7　多伦多伊顿百货Le Chateau橱窗

图3-4-8 优衣库东京银座店

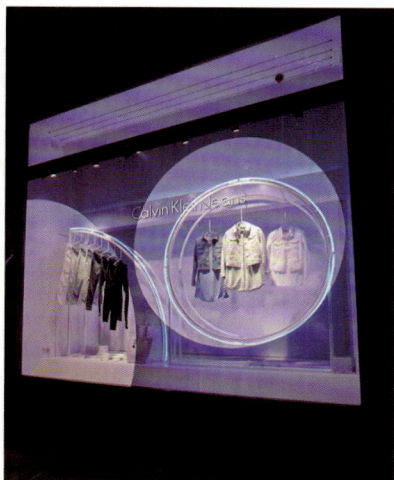

图3-4-9 米兰Calvin Klein橱窗/XAG设计工作室

③展柜。展柜是保护和展示重点商品的展示道具之一，包括高矮展柜、保护罩等。

（2）展示道具的布置方法

商业空间的环境艺术和展示道具在商业空间中的作用越来越明显，怎样将展示道具恰当而艺术地运用在商业空间中，使商业空间的布置达到所需要的展示效果便显得尤为重要。

①用展示道具划分商业空间。商业空间的创造是根据展示商品、突出文化、品牌推广的功能需要来设计的，而空间中的开、合、通、断和点、线、面都可以通过展示道具的设置来实现。利用展示道具进行商业空间分隔具有很大的灵活性和可控性，能极大地提高空间的利用率和使用质量（图3-4-10）。如将展示道具用于空间分隔，既界定了空间，又能处理空间的虚实、疏密关系。在大的商业空间中，用展示道具分隔出一系列的小空间展示不同的商品，形成独立的展示空间，这种分隔方式使空间更加合理、更加灵活、隔而不断、循环往复、连绵不绝，引导消费者参观所有的产品，同时也可以根据需要迁移或开合，方便使用，提高了商业空间的使用效率和展示效果。

②以展示道具利用商业空间。在商业展示空间的边角、消防栓处、配电箱处采用"借景"的手法设置专业设计的展示道具或花瓶、花架等，能使商业空间得到充分利用。尤其是在现代商业空间日益狭小，单位面积价格越来越高的情况下，更需要通过展示道具的巧妙设计与合理的布置，来使商业空间得到充分的利用（图3-4-11）。如多功能组合展示道具和可以移动位置、自由拆卸的展示道具实为解决商业空间狭小的好方法。

③用展示道具限定商业空间。在商业空间中，展示道具按照展示商品的需要分隔空间的同时，也对商业空间进行了限定，使之充分满足商品的展示与消费者更好地参观的双重需求。在进行展示道具设计与布置时，要配合空间内其他因素（如吊顶、灯光、地面、整体空间、景观绿化等），常常要对商业空间进行划分、围合和限定，从而组织出丰富的空间层次，来满足消费者的购物体验。

图3-4-10　西班牙Garros药店/MARKETING-JAZZ

图3-4-11　东京KariAng时装店/ITO MASARU

图3-4-12　Harvey Nichols鞋店/Four By Two事务所

④ 用展示道具丰富商业空间。展示道具在商业空间中除了最基本的展示商品的功能外，还应具有审美的作用。在使用展示道具的过程中，其功能尺度和质感要使人感到恰当与舒适，能突显在空间中的存在感，但又不能喧宾夺主，这点也是现代展示道具设计努力追求和寻求突破的重要方面（图3-4-12）。

4.3 商业空间的展示陈列方式

（1）场景式陈列

这类展示通常是将商品以某种生活或情节构成一个场景，而商品则成为其中的角色。这种展示的特点是将商品通过适当的场景充分展示其在使用中的情形，显示其功能上和外观上的特点，同时，场景化的展示场面容易引起消费者的联想和亲切感，进而激发购买欲望。

（2）专题式陈列

以某种与商品有关的专题为主题选择和布置商品，既突出了商品，又具有丰富的内涵（图3-4-13）。陈列中既可以有实物陈列，又有与该类商品相关的内容，如有关的文字介绍、图片等。这类陈列也可以纪念活动、庆典仪式或节日为主题，配合各类道具和商品，构成热烈的场面，渲染气氛。

（3）系列式陈列

系列式陈列多为生产厂商为完整展示某一类产品而设置的，如同一品牌有不同的型号、样式、规格及色彩等，且不断推出新产品，为了完整地展示以达到品牌效应，通常陈列某种产品的完整系列，以使消费者充分了解该产品的特点和功能。这类陈列的重点在于突出产品的系列性，显示企业在开发产品上的实力，使消费者产生信任感。

（4）综合式陈列

这是一种中小型商店常用的陈列方法，将各种不同类型、不同用途、不同质地的商品经过组合、搭配，布置在同一个橱窗或展台，尽可能丰富地展示商品。这类橱窗在陈列上要尽可能避免杂乱无章，在众多商品中选择具有代表性的，经过有意识的设计做到既丰富多彩，又井然有序。

图3-4-13　J.CREW童装机器人主题橱窗

第五节 休闲服务空间

在市场竞争越来越激烈的今天，给消费者提供更好、更多的服务已成为品牌价值体现的方法之一。休闲服务空间是为了更好地辅助于销售活动，使消费者能更多地享受品牌超值的服务。

5.1 商业休闲空间设计

商业休闲空间中的各个元素具有交通联系、活动场地与休息等多种功能。因此，商业空间中的休闲区域如何设置，在什么地方设置，以什么形式设置在区域的空间设计中也很重要。

休闲空间的首要功能是休憩，好的休闲空间，座椅设施、文化卫生、管理设施等要配备齐全。如座椅设置时，要考虑提高空间利用率，最好选择一些边缘空间，尽量背靠障碍物，避免人流从后面穿过，增强安全性和私密性。

一些室外商业休闲空间中，遮阳伞、水帘、咖啡座等人性化和完善设施受到人们欢迎，为人们在休闲空间进行交流和共享提供了良好的环境（图3-5-1）。

（1）体现功能区域划分

在休闲空间设计中，要考虑到人和空间以及人的情感和空间的关系，注重边界空间的利用，同时运用人工采光和自然采光相结合，使空间明快、富有感染力。应创造出宜人的空间尺度与感受，注重空间的层次感和领域感（图3-5-2）。

在商业空间中，不同购物区域设置休闲区也有区别。如儿童区域的休闲空间设计要适合儿童的特点，色彩单纯、鲜艳，可用大面积的跳跃色彩组合，或卡通图案、植物图案、动物图案等。在此空间中要考虑儿童的安全性，多采用立体装饰和弧形造型以保证儿童的安全。高端购物空间的休闲区设计要注意空间品位和文化内涵，使在此休闲空间休息的人们有一种高品质的体验（图3-5-3）。

图3-5-1 商业空间休闲区露天咖啡座

图3-5-2 入口处休闲区/Nafi美发造型店/ZMIK and SüDQUAI

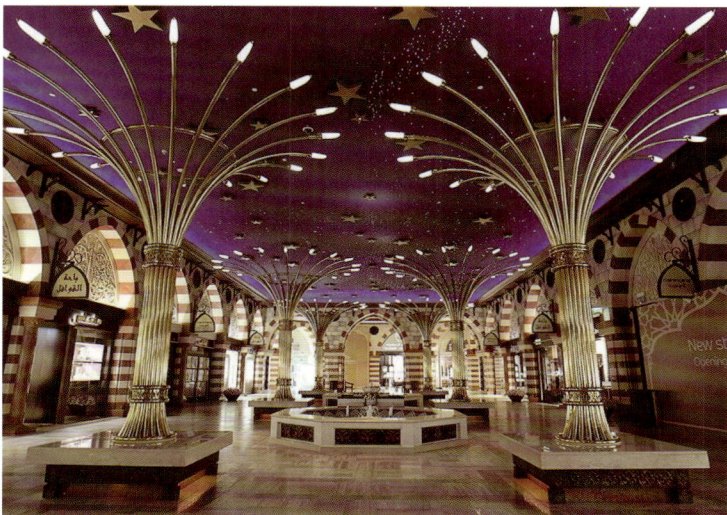

图3-5-3　The Dubai Mall的休息处

在一些空间划分上，利用设施、高差、植物等方式会使人感到更舒适。既要方便消费又要考虑随时随地可以进行休憩，恰当设置休息座椅和景观小品，提升空间品质。

（2）体现风格

在休闲空间设计中，突出地方特色和个性表达，形成独特空间。在一定的自然环境下构筑的与众不同的空间，尊重地方特色与文化，容易给身处其间的人一种认同感，它所呈现的空间是带有情感的。

在休闲空间的设计中，要把商业环境装修的整体风格与休闲区设计相结合，要让休闲区域的大小配置与空间需求相一致。

另外，商业休闲设计时要避免喧宾夺主，要考虑休闲空间与整体商业空间的关系，服从于商业环境的整体需求，把休闲空间与整体商业空间有效地结合起来（图3-5-4）。

图3-5-4　风格统一的商业空间设计

5.2 商业服务空间设计

5.2.1 收银台

（1）收银台的作用

作为商业空间重要组成部分的收银台，除了基本的结算功能外，其位置的布置、规格、造型的设计在终端卖场陈列中所充当的角色不容忽视。收银台不仅仅关系到商业空间的整体布局，同时还与消费者的购物心理存在着微妙的关系，设计时要着重考虑（图3-5-5）。

收银台在商业空间中除具有一般功能外，还肩负着总指挥台的作用，如旗舰店是服装品牌企业的整体形象展示，其最大的目的不在于直接实现销售，而是为实现企业长期的经济效益而进行的实力及品牌文化的展示，作为这种形象店的收银台，其功能已不局限于基本交易结算，而更多的是品牌形象的集中展现。

图3-5-5　服装专卖店收银台

（2）收银台设计要点

收银台作为商业空间的重要组成部分，设计时离不开其产品结算和强化商业空间的规划功能。

① 从产品结算功能的角度。结算是收银台的基本职责，收银台通常设立在空间后部，主要是考虑消费者的购物动线、货款安全、空间的合理利用以及便于对整个商业的销售服务进行调度和控制。从心理学角度来说，消费者对于收银台存在着本能的抵触心态，相关数据显示，将收银台设置在主入口正前方的，其消费者进店率普遍低于收银台为回避型的商业空间。

对于收银台的规划，应该结合商业空间的通道设置、客流量、单品销售额以及销售模式等要素。一般来讲，大众化路线的品牌基本上是靠量来取胜，其主营业区内摆放足够量的商品以供消费者挑选，收银台的位置较适合于设置在空间主营业区的正门对面，以便于统筹整体空间的秩序、防止物品的遗失，其规格可以相对大一些，因为这类商业空间的收银区消费者的滞留量较多，必须要保证收银区周边有足够的空间可以让客流移动。中高档品牌的质高于量，定位于具有一定购买力的消费群体，因而量不大，不必担忧收银台在消费者结算时的拥挤度，强调收银台造型的休闲性、艺术性和适当的多功能性。

② 从强化商业空间规划功能的角度。收银台还具有强化空间规划、增加品牌形象的功能。因而，收银台的空间规划作用不可忽视，其位置、大小、高低等取决于商业空间的规模、产品的形象和消费者的心态（图3-5-6）。

图3-5-6 古朴造型的收银台

在现今的消费活动中有一个不争的事实，即现在的消费已经由原来的计划性消费向休闲性、冲动性消费转变，有效地抓住消费者的关注，使之产生消费，已成了商业空间设计的重要目的。收银台的位置设置虽不能像灯光、色彩等能直接抓住消费者的注意力，但合理的运用却能有效地留住被空间感官因素吸引进来的潜在消费者。

5.2.2 洗手间

洗手间作为商业空间的重要区域之一，其布局也是很重要的，设计时需要注意以下几个布局要点。

（1）"隐性"布局

商业空间的洗手间作为空间的附加设施，其布局设计不能有碍商业空间的经营功能。因此，洗手间布局要以"隐性"作基点，通过专用过道设置，将洗手间与购物空间形成有效分隔。

（2）采用回避法

商业空间的设计，涉及某些业种，如饮食、食品类等应回避与洗手间相邻。

（3）确定数量

大型的商业空间要根据人流量来确定洗手间个数，避免洗手间出现排队或堵塞现象。

以上几点是结合现今商业空间多元化发展趋势和空间布局风格等总结而出的。总而言之，商业环境中的任何空间设计不仅要能够更好地引导消费者购物，同时也方便管理和运营。

思考与练习

1. 展卖空间的主要功能分区有哪些？其展示陈列方式有哪些形式？

2. 选择一个商业空间设计案例，进行设计内容分析。

第四章　商业空间色彩设计

色彩是现代商业空间设计的重要组成部分，具有很强的表现力和感染力，直接影响着商业空间的设计效果。商业空间中的色彩作为最强大的视觉符号，寄托了人们的各种情感，形成丰富的联想、特定的象征等，并使商业空间区别于其他的环境空间，以达到刺激和引导消费者的目的。因此，商业空间设计师对色彩的理解与把握在实际工作中也就显得尤为重要。

第一节　色彩的视觉心理效应

1.1　色彩的概念

色彩是由光与被照射的物体表面的色彩相貌相互作用所产生的。色彩到达人的视线范围必须借助光的作用才能实现，光是决定色彩的重要因素之一。色彩具有三种属性，即色相、纯度、明度。色相是色彩互相有别所呈现的面貌，如红、橙、黄等色；纯度也称彩度，是指色彩的强弱、鲜浊或饱和程度；明度是指色彩的明亮程度。

色彩的三要素使世界变得万紫千红，而人们在丰富的色彩变化中，逐渐认识和了解了颜色之间的相互关系，并根据它们各自的特点和性质，总结出色彩的变化规律，从而把颜色概括为原色、间色和复色三大类。原色是无法用其他颜色相调出来的基本色，即红、黄、蓝三原色；间色是由两种原色等量相调而出的橙、绿、紫等颜色；复色是由原色与间色相调或用间色与间色相调而成的，包括除了原色和间色以外的所有颜色。

1.2　色彩的心理功能

色彩是设计构成要素中极其重要的形式要素之一，因其在物理、生理与心理方面起的重要作用决定了其设计地位。色彩因不同观者、不同条件产生了不同的情感体验，从而引申出色彩的内涵、喜恶、象征性、表情性以及色听现象（即联觉现象），使色彩与生活紧密地结合起来。

每一种颜色都具有特殊的心理作用，能影响人的温度知觉、空间知觉甚至情绪感

图4-1-1 暖色调空间/那不勒斯利兹卡尔顿酒店

图4-1-2 冷色调空间/ Tuxedos Restaurant冰极餐厅/陈德坚

受。牛顿的棱镜光学实验证明，色的概念实际上是不同波长的光刺激人眼的视觉反应。这种视觉反应还体现在物理性质方面，如冷暖、胀缩、远近、轻重、大小等，形成这种现象不仅是由于物体本身对光的吸收和反射不同，物体间的相互作用所形成的错觉也是原因之一。

1.2.1 冷暖感

冷暖感实为人体触觉对外界的反应，色彩本身并无冷暖的温度差别，对色彩的冷暖感是人们由于经验及条件反射的作用，视觉成为触觉的先导，从而使色彩引起人们对冷暖感的心理联想与条件反射。动态大、波长长的色彩如红、橙、黄等色给人以暖的感觉，动态小、波长短的色彩如蓝、蓝紫等色给人以冷的感觉。色彩的冷暖感是物理、生理、心理以及色彩本身属性等综合因素共同作用的结果，对人的心理产生比较强烈的影响。暖色会让人兴奋，并使人产生积极进取的感觉，冷色则消极退缩，让人感觉沉静或者压抑。

这与人们长期的感觉经验是一致的，当人们的眼睛看到某种色彩时，受到一定的刺激，会产生许多在客观外界所习见的种种概念，引起一些联想。如红色、黄色，让人联想到东方冉冉升起的太阳和燃烧的火焰等，感觉热，如图4-1-1所示，以原木色为主形成的暖色调给人带来一种温暖的感觉，空间显得温馨、和谐。而青色、绿色一类像水一样的色彩让人联想到大海、晴空、森林等，感觉冷，如图4-1-2所示，设计师采用白色和蓝色作为空间主色调，模仿冰的墙身及不规则图案的天花，透出点点蓝光为餐厅营造出仿若南极的冰冷氛围。

在同一色相中，明度的变化也会引起冷暖倾向的变化。比如，在同一色彩中掺入白色，色彩的明度得到提高，但同时色性也会趋向于冷；而掺入黑色，明度降低，色性就会趋向于暖。此外，环境色的影响也是不容忽视的，如小块白色与大面积红色对比下，白色明显带绿色，即红色补色的影响加到了白色中。因此，色彩的冷暖性质是相对的，不是绝对的，不能孤立地看。

1.2.2 距离感

基于色彩的彩度、明度不同，还能造成不同的空间感，产生前进、后退、凸出、凹进的效果。明度高的暖色有凸出、前进的感觉，明度低的冷色有凹进、远离的感觉。色彩的空间感觉在商店卖场布置中的作用是显而易见的。在空间狭小的卖场里，用可产生后退感的颜色，使墙面显得遥远，可赋予商业空间开阔的感觉。达·芬奇首次提出"空气透视"的理论，他认为描绘风景时，远景由于透过层层空气，色彩应画得冷一些，对比也应弱一些，具有远离的效果。室内设计中经常利用色彩的这种视觉规律去改变空间的大小和高低，强化空间的深度（图4-1-3）。

1.2.3 轻重感

色彩的轻重感觉是有一定规律的，主要取决于明度和纯度。明度高的具有轻感，如桃红色、浅黄色；明度低的具有重感。纯度高的暖色具有重感，纯度低的冷色具有轻感（图4-1-4）。这种感觉与人们在日常生活中的切身体验是分不开的。白色物体让人感觉轻飘，如白色的棉花、纱窗等，黑色物体让人感觉沉重，如黑色的金属等（图4-1-5）。因此，在室内色彩设计中，通常采用上轻下重的手法，构图中常结合色彩轻重感的规律达到平衡、稳定以及表现风格的需要，如轻飘、庄重等。

1.3 商业空间中色彩设计的原则

不同的商业空间可以根据其空间特色采用不同的色彩设计方案，但是无论怎样进行商业空间色彩的设计，都需要遵循以下几点原则。

1.3.1 符合客观色彩规律

商业空间在色彩的设计和使用上要综合考虑商业建筑物室内设计的连贯性和共通性。在选择色彩时，首先要了解商业建筑的性质和空间设计的具体功能以及建筑设计的整体风格和设计理念，在结合建筑设计整体风格的基础上确定整体色调。其次，确定商业空间的基本色调后，还要根据色彩的搭配原则确定色彩的布局。最后要遵循色彩的对比、调和等色彩使用规律，遵循由主体到局部，由大到小的设计步骤来进行色彩选择、比较和搭配，以保持色彩的整体感和主次感，从而发挥出色彩独特的艺术魅力（图4-1-6）。

1.3.2 整体协调

商业空间中的色彩并不是单一地、独立地存在于他物之外的，而是受制于整体环境之中，它们之间互相作用、互相影响。因此，在进行设计时，要从整体出发，运用色彩的

图 4-1-3 色彩距离感的表现/米兰FRAGILE艺廊/Arianna Lelli Mami, Chiara Di Pinto, Alessandro, Francesco Mendini

图4-1-4 色彩轻重感表现/挪威Rica Hotel Narvik 酒店/Scenario Interiørarkitekter

图4-1-5 暗色空间/ HUI CLUB 时尚酒吧/杨云帆

图4-1-6　上海崇明凯悦酒店/ JWDA骏地设计、上海现代建筑设计

对比与调和的方式手段，分析在空间设计中应该使用的基本色调。同类色是典型的调和色，其搭配效果简洁大方，依据实际情况适当地改变色彩的明度、色调和纯度，注意冷暖色调之间的变换与对比使用，从而让色彩将空间联系起来，使整体达到和谐统一的效果。采用大面积主体色，搭配显眼的点缀色，可以适当改变色彩的纯度和明度，将色彩统一到整体环境当中，色彩对比与调和的手段更能强调空间的整体感（图4-1-7）。

1.3.3　以人为本

　　商业空间设计和其他的环境设计一样，以服务于人作为设计的最终目的，空间中的色彩设计也应如此。整个空间色彩的设计无论是淡雅还是浓艳，其所采用的色彩都应该要让人感到舒适和美观。例如，游乐场等儿童活动空间的色彩设计要从儿童角度出发，一般采用清新、明亮、欢快的色彩，在色彩统一的同时也要对比强烈，以调动儿童娱乐活动的最大积极性。例如，Starlit 学习中心是一所主题式的学前教育中心，活泼的色彩旨在为孩子建立一个轻松学习的空间环境，如图4-1-8所示，空间中央圆柱的艳丽彩绘成为视觉核心，地面色彩鲜艳却不杂乱。

图4-1-7　一味坊/林琮然、林盈秀、李本涛

图4-1-8　Starlit 学习中心/THE XSS LIMITED

1.4 商业空间的色彩作用

　　商业空间色彩设计主要应满足使用功能和精神要求，目的在于使人们感到舒适。因此在功能要求方面，应认真分析每一空间的使用性质，色彩配置必须符合空间功能原则，充分发挥色彩对商业空间的美化作用，正确处理协调与对比、统一与变化、主体与背景的关系。

　　充分利用色彩的物理性能和色彩对人心理的影响，可在一定程度上改变空间尺度、比例及分隔，改善空间效果，起着改变或创造某种格调的作用，给顾客带来视觉差异和艺术享受。

图4-1-9　中国移动某营业厅

1.4.1 使商业空间具有导向性

　　在商业空间设计中，利用商业空间的主体色或企业的标志色，可以形成商业空间的标识象征，从而起到指示性和导向性的作用，并有利于宣传企业形象和商品的特点。很多商家在其营业空间以其标志色为主色基调，体现产品—标志—广告的色彩战略，使观者即使从较远的距离也能清楚识别其商业空间（图4-1-9）。

1.4.2 使商业空间具有情感性

　　在不同类型的商业空间中，不同的功能与目标包含着不同的情调与氛围，如科技产品的商业空间和工业产品的商业空间一般采用冷色调处理（图4-1-10）。这种大的环境色调和商业空间产品个性的色彩基调，能够很快作用于人的心理，从而使人产生强烈的行业印象。

图4-1-10　Kuppersbusch品牌中国香港专卖店/Alain Wong

1.4.3 使商业空间具有审美性

　　精心搭配的色彩、色调、韵律与节奏感均能创造更加出色的商业空间环境，达到美化商品的目的，给消费者以视觉和心理的愉悦享受。运用色彩的对比作用和调节作用，或通过商品色彩之间的反衬、烘托或色光的辉映，使消费者获取特定的视觉感受与心理效果。如图4-1-11所示的酒店空间，那些缤纷的色彩充满动感与活力，也使酒店成为反映其所在地——美国西南部精神的载体。

图4-1-11　加州棕榈泉假日酒店/Peter Stamberg & Paul Aferiat

第二节　商业空间色彩运用

2.1 商业空间色彩运用的考虑要素

色彩是表现商业空间的美感以及实现其设计价值的重要手段，与其他的设计元素相比，色彩能够更直接地影响消费者的心理和情绪。因此，进行商业空间的色彩设计时，需要考虑以下几个因素。

2.1.1 经营特色和商品的特点

商业空间设计中，色彩的设计应用可以突出商业空间、突显商品，因此要从空间主体功能出发，根据不同商业空间的经营特色和商品的特点来进行空间构成的色彩设计。

如经营珠宝的商业空间，珠宝是整个空间的主体，由于珠宝体积小，其色彩对室内色彩起不到控制作用，因此在进行色彩设计的时候要充分考虑到这一特点，使用色彩度稍高的色调，便于珠宝从其所处的大的空间背景中突显出来。又由于珠宝首饰属于高档精致的装饰物品，象征身份和地位，代表着典雅与高贵，因此其空间色彩的使用应该以柔和淡雅为主，避免花哨。例如，施华洛世奇上海旗舰店的整体设计风格延续其东京银座店的"水晶森林"主题，进一步突出了水晶的无限可能性，展示品牌与自然的亲密关系，为消费者提供了多元化的感官体验，沉浸在水晶的诱人光华和无穷深度中。图4-2-1中的"水晶隧道"四周采用蓝色镜面玻璃拼凑在一起，形成别具风格的万花筒。商品展示柜台和墙面均采用纯净的白色系，并利用光线投射在各种水晶制品上而创造出浓淡有致的白色层次，恰巧与地板构成鲜明的对比。

2.1.2 消费者的特点

从消费者的特点去考虑色彩的应用也非常重要。商业空间设计最重要的目的就是

图4-2-1　施华洛世奇上海旗舰店/ Atelier Pacific Ltd.

迎合消费者心理，满足其购物需求，因此在色彩的应用上就需考虑不同性别、年龄、收入、素质等消费者的消费特点和需求。合理的色彩设计可以使消费者感受到轻松、舒适，从而引导其产生消费；反之，消费者就会感到沉闷、无趣，无形中导致消费者的流失。故此，要充分运用色彩对商业空间环境、气氛的作用，在消费者、商品、色彩、环境之间形成一个良性循环。如根据性别差异来展现商业空间设计的色彩差异，一般男装区多采用明度较低、色调偏冷、纯度较高的色彩，以突出男性消费者的冷峻与沉稳。如图4-2-2所示的RAPA 杭州旗舰店，空间采用不规则造型，整体空间以黑色为主色调，乌黑电镀金属锡纸墙壁、深度碳化地板、黑钢收边细节等暗色调与楼梯两边扶手的白色形成鲜明的对比与强烈的视觉冲击。经过特殊处理的凹凸不平的锡纸给人以石洞岩壁表层之感，加重了空间造型与设计的前卫与现代。女装区则采用明度较高的、偏暖色调的色彩，暗示出了女性的柔美与妩媚。如图4-2-3所示，暖色调强调了属于女性的特质，中性化的木色协调了纷繁的服饰色彩，从天花板延伸至墙面、地面的装饰强调了女性服饰的柔美灵动。

图4-2-2　RAPA 杭州旗舰店/浙江绿城东方建筑设计有限公司GOA乐空

图4-2-3　Scfashion专卖店/Oobiq

图4-2-4 Barrio East 餐厅/Dtwo

图4-2-5 Fantasy 俱乐部/汤物臣·肯文设计事务所

2.1.3 情感因素

色彩作为一种物理现象，其强烈的视觉效果表现在人的生理和心理的各个方面。不同的历史风俗习惯、文化背景和社会环境会使人对色彩产生不同的联想和情感感受，色彩便被赋予了丰富的感情色彩，如冷暖、喜忧等。因此，设计师在进行商业空间设计时，要充分考虑这些情感因素，典雅、舒适的商业空间宜选用沉静色，华丽空间的塑造宜采用兴奋色；温馨、明媚的场合适用于暖色调，清爽、幽静的空间更应考虑冷色调。如图4-2-4所示，伦敦Barrio East餐厅内部以拉丁美洲风格为装饰主题，缤纷的色彩和装饰营造出热情奔放的热带风格。

2.1.4 光的因素

商业空间设计的色彩应用不仅仅局限于单一的、表面化和平面化的色彩装饰，通过各种调光装置，可以创造出多种多样的、富于变化的、具有动感的色彩效果，从而丰富了色彩的内涵和表现形式，打造了良好的商业氛围（图4-2-5）。

2.2 不同商业空间的色彩运用

商业空间色彩设计是商品特点和品牌特色的直接反映，品牌定位或高雅、或传统、或时尚等，都可以通过其商业空间的设计得到体现，实际上也是设计师在应用艺术上体现空间及商品的经营宗旨。下面介绍几种常见商业空间的色彩运用。

2.2.1 展卖空间中的色彩设计

展卖空间的色彩设计能给消费者带来不同的心理体验，如在炎热的夏季，商场以蓝、棕、紫等冷色调为主，顾客心理上有凉爽、舒适的心理感受。采用某一阶段的流行色来布置销售女士用品场所，能够刺激顾客的购买欲望，增加销售额。使用色彩还可以改变顾客的视觉形象，弥补营业场所缺陷。如将天花板涂成浅蓝色，会给人一种高远的感觉；将商场营业场所墙壁两端的颜色设计得渐浅，给人一种辽阔的感觉。一段时间变换一次商场的色彩，也会使顾客感到有新奇感。根据人们对色彩的生理反应，运用基本设计规律和美学法则进行整体色彩环境设计，是商业空间设计取得成功的重要环节。如图4-2-6所示，旗舰店内的巨型墙以几何图案为特色，亮眼的灯光和清新的色彩搭配相得益彰。

（1）结合空间结构进行色彩设计

色彩对于展卖环境布局和形象塑造影响很大，为使营业场所色调达到优美、和谐的视觉效果，运用色彩要与楼层、部位结合，创造出不同的气氛。如商场一层营业厅，入口处顾客流量多，一般以暖色装饰，形成热烈的迎宾气氛；也可以选用冷色调装饰，缓解顾客紧张、忙乱的心理。地下营业厅沉闷气氛易使人产生压抑的心理感觉，用浅色调装饰地面、顶面可以给人带来赏心悦目的清新感受。顾客逗留、观赏的交流空间，局部和小面积上的用色可大胆而强烈，形成欢乐、热烈的气氛，以激发顾客的兴奋情绪，但要考虑到长时间停留在这种气氛中，易令人感到劳累（图4-2-7）。

（2）结合商品本身进行色彩设计

运用色彩要与商品本身色彩相配合。目前，市场销售的商品包装也注意色彩的运用，这就要求商场内货架、柜台、陈列用具为商品销售提供色彩上的配合与支持，起到衬托商品、吸引顾客的作用。如销售化妆品、时装等一般采用淡雅的浅色调，以免喧宾夺主，掩盖商品的美丽色彩。销售电器、工艺品等可配用色彩浓艳、对比强烈的色调来显示其艺术效果。对不同种类的商品还可结合其自身特性进行相应的色彩设计，空间色彩处理应与之结合统一考虑，进一步突出商品的特性和定位。如图4-2-8所示，案例的设计重点在于运用简单而强烈的线条在紧凑的空间中将不同功能区域贯穿，将产品、视觉和消费体验恰当地融汇其中。设计师以简洁、明快的风格呼应品牌形象，天花板的灯槽呈几何形状，充满着动感。展示层架围绕店内三面墙壁，提供足够的产品陈列空间。在全白色的氛围中，几抹或深或浅的蓝色点缀着主题。

图4-2-6 Fritz Hansen米兰旗舰店/AriannaLelli Mami & Chiara Di Pinto

图4-2-7 纽约Shoebox鞋专卖店/Sergio Mannino工作室

图4-2-8 Fancl专卖店/Joey Ho Design Limited

（3）色彩搭配协调

色彩运用要在统一中求变化。展卖空间一般需要统一视觉形象和识别，但不同楼层、不同位置又要求有所变化，以使顾客能够依靠色彩的变化来获取相关信息，同时减少视觉与心理的疲劳感。

① 同类色的协调。同类色是指在色相上采用同一基调，在色调上有着细微变化。同类色的配置能显示出大方、简洁、清爽等性格，便于取得整体的协调性，庄重、高雅、宁静等商业空间可以采用这一色彩搭配。

② 邻近色的协调。邻近色是指在基调上体现共同倾向，在色相上显示冷暖变化，可以表现色彩的不同性格和色彩节奏的起伏与色彩韵律的变化。搭配邻近色的展卖空间要注意色彩运用面积的大小、明暗的层次、色彩的纯度以及主次的变化。

③ 对比色的协调。对比色是指近似互补的关系，对比色易于形成鲜明的对照，通常用它营造强烈、活泼、热闹的情感氛围。展卖空间要想有起伏、变化，不同的色彩搭配可以打破四平八稳和平淡的局面，使整个展卖空间充满生机。如服装专卖店中，将一组明度高的服装货柜和一组明度低的服装货柜在空间中进行间隔组合，可以增加活力和动感。

④ 色彩与人工照明的协调。光源布置影响空间色彩装饰，在同样的光源下不同的色彩有时会被看成是同样的颜色。反之，在不同的光源下，同等的色彩也会产生差异。如图4-2-9所示的三宅一生伦敦旗舰店，店内的柱子和部分墙体被做旧，上面斑驳粗糙的肌理与其他蓝色、羽白色光滑表面以及柔和的灯光形成强烈对比。

2.2.2 餐饮空间中的色彩设计

决定餐饮空间色彩的因素很多，大致可以分为以下几点。

（1）环境

餐饮空间所处环境不同，色彩也应有不同的考虑，如位于闹市区、郊区、风景区、海滨、山地、园林等。不但建筑造型应与周边环境相配合，还应该考虑与内外空间的色彩相协调，做到适得其所。比如，在大都市闹市区，不一定要装饰得富丽堂皇，可以考虑把餐厅变成

图4-2-9　三宅一生伦敦旗舰店/ Tokujin Yoshioka

图4-2-10　乐天百货Amoje美食城/Karim Rashid

"一块绿洲""一方净土"，可能效果会更好。如图4-2-10所示的首尔乐天百货Amoje美食城，鲜艳的色彩和蜿蜒的形式创建了一个超视觉体验的空间。在平淡中显高贵，静中有动，才是真正的色彩的效果。处于风景区的餐厅，一般都主张淡化建筑色彩，不与景色争高低，使消费者能专心于自然风光的欣赏，色彩是为人服务的，不要用色彩去干扰消费者的活动，这是用色的基本原则。

（2）气候

不同地区由于气候原因，如寒带、热带、亚热带等，一般都采用相应的色彩空间环境与之相配合，以便在心理上取得平衡。如我国南北方用色上，也存在明显的地域差异。

（3）民族和地方色彩

各民族、地区在历史上长期形成的习俗、观念也反映在色彩上，当地所用建筑材料包括石、砖、木、竹、藤以及织物、工艺品等室内装饰材料，所形成的色彩效果往往富有地方特色，应该予以充分地利用，这是体现地域性的一个重要方面。如图4-2-11所示，整个空间非常有装饰色彩，深色的桌椅搭配骨白色的餐具形成典雅的对比。墙面、楼梯以及雕花屏风均为木质，而红色底配黑色文字的字幅更添古韵。

（4）餐厅个性

每个餐厅都应具有自己的特色，才能吸引消费者，西方有些以娱乐为主的餐厅，它的设计主导思想不是要求宾至如归，而是让顾客感受到处在和家完全不同的另外一个世界里，产生梦幻般的新奇感。这种带有浓厚商业性质的思想关怀使消费者对变化了的生活发生兴趣，只要全心全意为消费者着想，餐厅的新的构思和个性特色是完全可以通过色彩充分表现出来的。如图4-2-12所示，餐厅空间设计以丰富的有冲击力的色彩搭配为特色，墙面用生动的蓝色粉刷，地板使用了黑白相间的几何图案。

图4-2-11　乐笙中餐厅/DLC & Andy Hall

图4-2-12　YUCCA餐厅/Thomas DARIEL & Benoit ARFEUILLERE

2.2.3 酒店空间的色彩设计

（1）酒店空间色彩设计原则

不同的空间设计是为了满足不同的消费者的需求，因此设计师在色彩设计时应结合空间的不同功能需求，让色彩设计给消费者最大的人性化服务。如酒店的大堂区域的色彩和酒店客房区域的色彩就具有不同的设计原则。大堂区域的色彩设计首先需要确定大堂装饰的主色调。空间装饰色彩虽然是由许多方面所组成（如吊顶面色、墙面色、地面色、家具色以及陈设物的色等），但各部分的色彩变化都应服从于一个基本色调，才能使整个室内装饰呈现出互相和谐的整体性（图4-2-13）。酒店客房的色彩要使人感到愉快，对消费者来说，客房是一个暂时的私密空间（图4-2-14）。大部分酒店客房的色彩设计都采用了统一的标准用色，但也有酒店的客房对每个房间进行了不同的色彩设计，使消费者在一家酒店重复停留时有新鲜感。

（2）酒店空间色彩设计依据

① 空间的大小、形式。色彩设计就是为了能够使空间更好地展现在消费者的眼

图4-2-13　白色为背景的酒店大厅/纽约奎恩酒店/帕金斯·伊斯曼

图4-2-14　客房色彩设计/上海安达仕酒店/Super Potato

中，因此空间的大小、形式是设计师在进行色彩设计时必须要注意的。确定空间的大小、形式之后才能对空间色彩进行合理的分布与设计，合理运用色块来调节空间气氛，如窗帘、家具、墙面造型、装饰品、设备等的色彩，恰当使用能取得画龙点睛的效果（图4-2-15）。

② 当地的气候和空间朝向。色彩设计可根据当地的气候和空间朝向进行调整，在自然光线作用下不同方位的色彩是不同的，冷暖感有差别，因此，酒店空间设计可利用色彩来进行调整。如图4-2-16所示，客房朝阳，光线明亮，在白色主色调的基础上，用柔软的线条和各种浅色精心点缀空间的每一处，使人感到随意而舒适。

③ 消费者停留时间的长短。在不同功能的酒店空间中，消费者所停留的时间也是不同的。如酒店大堂与包房的对比，这两者的功能显然各不相同，设计师在大堂色彩

图4-2-15　大堂地毯与家具的色块/蒙得里安苏荷酒店/Benjamin Noriega Ortiz

图4-2-16　Novotel酒店/Constance Guisset

图4-2-17　The William Hotel/N Situ Design and Lilian B Interiors

设计时要给顾客明亮、空旷之感，但在包房色彩设计时，可以运用柔和的色彩和灯光为消费者营造宁静、优雅的气氛，从而使人得到精神上的放松（图4-2-17）。

2.2.4　休闲娱乐空间的色彩设计

娱乐空间是工作之余人们进行聚会、用餐、欣赏表演、松弛身心和情感交流的场所。在娱乐空间色彩设计中，可以运用色调的兴奋感，引起观看者的兴趣，从而吸引其注意力。如对人的视觉冲击力较强的红色、橙色以及对比强烈的色彩，能够把人的注意力吸引到空间中来，令人印象深刻。

（1）色彩能够表现出娱乐空间的特性

针对不同的娱乐空间，可以通过选择不同的色彩，体现不同娱乐空间的特性。在明确主色调的基础上，如果选择具有强烈对比效果的色彩搭配，会产生具有冲击力的视觉效果。如图4-2-18所示，空间以朴实的素水泥、石头和螺纹钢作为设计要素，与

图4-2-18　南昌"我们的—108沙龙"/上海亿端室内设计有限公司

图4-2-19　Ajax足球俱乐部的体验中心/Sid Lee建筑设计事务所

钢板的色彩（地球海洋、陆地抽象画）飘带形成一个集灯光、艺术、梦幻、意境为一体的主题空间。

　　浅色系为背景色调会产生一种干净、天然的感觉，使人情绪放松。华丽的色彩一般体现娱乐空间的档次，深色系做背景，可以产生一种雍容典雅的视觉效果。色彩的明快感会使人产生愉悦感，如具有活泼感的橙色和鲜红色能突显娱乐空间的活泼性，给人一种愉快、舒适的感觉，适合年轻人娱乐的空间可以选择这类色彩来进行装饰。

　　（2）色彩可以引起消费者的共鸣

　　在娱乐空间色彩设计的过程中，若其色彩能够深入消费者的内心世界，透过色彩表达出消费者的心理愿望，产生一种内在的共鸣，便可称得上是一个成功的设计。商业空间作为特殊的表达载体，其本身功能性就要求色彩要符合消费者的情感与需求，使人们能够释放和发泄社会背景下的真实情绪，这与色彩语言不谋而合（图4-2-19）。

　　色彩在商业空间的设计中至关重要，色彩设计的好坏直接关系到整个商业空间设计的成败。随着现代高新技术的使用和新材料的开发利用，可供选择使用的色彩的表现形式日渐增多，这必将会给色彩设计带来一片新的天空，也必将会促使现代商业空间设计中的色彩更加迷人。

思考与练习

　　1. 选择一个色彩设计有特点的商业空间，对其色彩设计进行分析。

　　2. 根据本章的色彩设计原则，试对一个100平方米左右的运动用品专卖店进行色彩设计。

第五章　商业空间照明设计

　　光是物体显现于视觉中的先决条件，有了光，才能实现有形有色的丰富世界。在空间设计中，对光的研究是影响设计效果的因素之一。商业空间中，照明系统最重要的功能是为了能够突显商品以期引起消费者的关注，创造舒适的购物环境刺激购买欲。作为商业空间不可分割的一部分，照明系统也是设计过程中必须尽早考虑的问题之一。

第一节　商业空间照明基础

1.1 物品的显色性

　　光射到某一物体上，物体对光表现出有选择地反射、透射和吸收。在这个过程，如果所反射或透射的是与物体颜色相同的色光，则观察者就能感受到物体的颜色（图5-1-1）。那么，用不同种类光源的光去照射同一物体，由于光源的光谱成分不同，物体反射或透射出的光谱成分也就不同，从而最终使人们得到不同的颜色感觉（图5-1-2）。

1.2 照明设计的基本原则

　　（1）安全性
　　任何设计安全都必须放在首要考虑的位置，照明设计也不例外。电源、线路、开

图5-1-1　W Verbier—Welcome Area

图5-1-2　W Verbier—Welcome Area

关、灯具的设置都要采取可靠的安全措施，在危险的地方要设置明显的警示标志，并且还要考虑设施的安装、维修和检修的方便、安全和运行的可靠，防止火灾和电气事故的发生。

（2）适用性

照明设计应该有利于人们在室内空间进行各种活动。灯具的类型、照明的方式、照度的高低、光色的变化都应与使用要求一致。照度过高不但浪费能源，还会损伤眼睛，影响视力；照度过低则造成眼睛吃力，或无法看清物体，影响正常活动。闪烁不定的灯光可以增加欢快、活泼的气氛，但容易使眼睛疲劳，可以用在舞厅等环境，但不适用于一般的工作和生活环境。

（3）经济性

在照明设计实施中，要符合我国当前电力供应、设备和材料方面的生产水平。尽量采用先进技术，发挥照明设施的实际效益，降低经济造价，获得较好的照明效果。

（4）艺术性

合理的照明设计可以帮助体现空间的气氛、风格，强调陈列物的材料质感、纹理美，恰当的投射角度有助于表现物体的体积感、立体感。因此，照明设计同样需要艺术的处理，需要艺术想象力。

（5）统一性

统一性就是强调整体观念。照明的设计必须要与空间的大小、形状、用途和性质相一致，符合空间的整体要求，不能孤立地考虑。

1.3　商业空间照明的类型与方法

1.3.1　商业空间照明的类型

照明在室内空间设计中的作用日益显著，人造采光除了照明功能外，还逐步发挥起营造气氛、调节身心健康和提高工作效率的重要作用。设计时，要根据空间功能的需求确定室内明亮度的照度标准，控制室内亮度的对比，使室内照明的亮度达到视觉舒适和视野清晰，一般空间照明分为如下三种。

（1）基础照明

基础照明是指空间内全面的、基本的照明，光线比较均匀，会议室、候机厅等常采用这类照明。基础照明的明亮程度要适当，考虑显色性。基础照明并不是绝对的平均分配光源，大多数情况下，基础照明是作为整体处理，在一些需要强调突出的地方加以局部照明。

（2）重点照明

重点照明主要是指对某些需要突出的区域和对象进行重点照射，使这些区域的光照度明显大于其他区域，起到引起人的注意力的作用，如商店的货架、橱窗等，配以重点照明以强调物品、模特等。此外，空间的某些重要区域或物体需要进行重点照

图5-1-3　Julius bar & grill_library

图5-1-4　Julius bar & grill_wine chamber

明处理，如餐厅上方、酒吧的吧台等（图5-1-3、图5-1-4）。重点照明在多数情况下是与基础照明结合运用的。

（3）装饰照明

装饰照明也称气氛照明，主要是通过一些色彩和动感上的变化以及智能照明控制系统等，在有了基础照明的情况下，加以一些特殊照明来装饰，令环境增添气氛。装饰照明使用装饰吊灯、壁灯、挂灯等一些装饰性比较强的灯具来加强渲染空间气氛，以更好地表现空间。装饰照明能产生很多种效果，可以给人带来不同的视觉上的享受。但装饰照明只是以装饰为主要目的的照明，一般不承担基础照明和重点照明的任务。如图5-1-5所示，灯光以点、圈和线条的形式混合变幻，吊顶的灯光变化多端，地板顺势采用纵向条纹拼接的图案，延长了视觉效果。

1.3.2　照明设计的方法

（1）直接照明

直接照明是普通的照明方式，较为传统，照明主要是实施光的普照，强调照亮空间，淡化装饰作用，使空间环境清晰、明亮，目标明确。

（2）间接照明

间接照明是把光线直照到顶棚、墙面或其他界面上，形成反射光后再投射到物体上。光线柔和，受光均匀，没有炫光，多用于营造氛围的装饰照明（图5-1-6）。

图5-1-5　芬兰 FAT LADY 夜总会 / ARKKITEHTISTUDIO M&Y

图5-1-6　Robby Ingham服装店

（3）半间接照明

半间接照明可用于空间的"虚"分割或是对家具、饰品的局部照明。照明光线具有明确的投射方向，强调所需突显的区域，偏重于装饰作用。

（4）漫射照明

漫射照明是利用光源反射所产生的漫反射光照明，多采用透光材料，形成均匀的照明效果。经过间接物过滤后的光线达到柔和的效果，没有硬光斑及反光，给人以细腻柔和之感（图5-1-7）。

图5-1-7　米兰Comete珠宝店Studio Apostoli

1.4 照明设计的主要内容

1.4.1 照度的高低

合适的照度高低是保证人们正常工作和生活的前提。不同的建筑物、不同的空间、不同的场所，要求有不同的照度。即使是同一场所，由于不同部位的功能不同，照度的要求值也是不相同的。因此，确定照度的标准是照明设计的基础。关于照度可以参考我国的《民用建筑标准》和《工业企业建筑标准》。

1.4.2 灯具的选择与布置

（1）灯具的类型

不同空间的功能和性质不同，而灯具的作用和功效也各不相同。因此，要根据空间的性质和用途来选择合适的灯具类型。

（2）灯具的位置

灯具位置的确定要根据人的活动范围和物品的位置来确定，需要突出物体、层次以及表现其质感时，角度要合适，不产生炫光等。

1.4.3 照明的范围

空间的光线分布不是平均的，明暗的面积大小、比例、强度对比等是根据人们活动内容、范围、性质等来确定的。如为突出舞台的表演功能，灯光必须要强于其他区域；咖啡厅需要的是宁静、祥和的气氛和较小的私密性空间，灯光要紧凑；而机场、车站的候机、候车厅一般需要灯光明亮，光线布置均匀，视线开阔。确定照明范围时要注意以下几个问题。

① 空间照度分布要均匀。如书店，光线分布要柔和、均匀，不要有过大的强度差异。

② 空间内的各部分照度分配要适当。良好的空间光环境的照度分配必须合理，光反射比例适当。在一般空间中，各部分的光照度差异不要太大，以保证眼睛的适应能力。但光的差异又可以形成空间的某种氛围，舞厅、酒吧、展厅等空间内常采用光差较大的手法来设计。总之，不同的空间要根据功能要求来确定其照度分配。

③ 发光面的亮度要合理。亮度高的发光面容易引起炫光，造成眼睛疲劳、可见度降低等。但是高亮度的光源也可以给人刺激，创造气氛，如顶棚上的点状灯能产生天空星星的感觉，带来某种气氛。一般玉器等环境要避免炫光的产生（图5-1-8），而酒吧、舞厅等空间则可适当采用高亮度的光源来造成气氛照明。

1.4.4 光色的选择与确定

光有不同的光色，不同的光色在空间中也可以给人以不同的感受，如冷暖、胀缩等，不同的空间氛围需要用不同的光色来进行营造和修饰。

1.5 照明中的阴影处理

照明设计中极为重要的一个部分是处理阴影，以模特人型的照明为例来说明，灯光如果从侧上方照射，那么面部和颈部便会出现阴影，给人感觉怪诞，甚至恐怖；如果将多侧灯光同时照射对象，则可以减弱或消除阴影。因此，进行照明设计时，可以利用不同的照明方式来选取比例合适的照射角度，从而产生美妙的立体感。

阴影在通常的情况下是需要避免的，但是某些空间中需要加强物体的体积或进行一些艺术性处理的时候，则可以利用阴影以达到效果。

在照明领域里，造型表明三维物体在光照射下所呈现的状态，这种状态主要是由光投射方向以及直射光和漫射光的比例决定的。在商业空间设计中，展品的立体感主

图5-1-8 奥地利Rosenwind药店

图5-1-9 上海卜石玉器艺术馆/创盟国际设计团队

要是由受光正面与背面的明暗差而形成，恰当的明暗反差比在1：5～1：3之间。因此，要塑造立体艺术效果必须巧妙地运用光阴影造型（图5-1-9）。

第二节 商业空间照明运用

2.1 展卖空间的照明设计

2.1.1 展卖空间照明的作用

在展卖空间中，光能影响商品的形状、色彩、空间感，也能强化或削弱所展示商品的效果。因此在掌握陈列技术后还必须对艺术的灯光规划进行研究。

商业展卖空间是以招徕顾客、宣传主题、诠释展品为设计意图，主体是展品，其照明设计最重要的作用之一是吸引人们的视线。

首先，商业展示空间中的商品是设计表达的关键，因此对空间内所有的商品都能提供有效的照明是很重要的部分，在此基础上再针对一些重点商品（如新产品、经典产品等）设计出特色化的照明，能使照明效果在整体感中具有层次感。

其次，作为商业展卖空间，方便消费者的参观与购买过程是不容忽视的。因此照明设计应为消费者的参观路线起导引和照明的作用，并为购买行为提供合适的作业照明。如果条件允许，可以考虑通过直接引入天然光来增加空间的采光，既经济环保，光线又自然柔和。

最后，商业展示空间由于其自身的功用与特点，决定了它的照明设计除了需要考虑功能性以外，更需要突出照明设计的艺术性表达，以此来强化环境特色，塑造展示主体形象，从而达到吸引消费者、树立品牌形象的目的。

如图5-2-1所示，以旧建筑的特色作为设计改造的基础，为了减缓古老建筑的肃穆感，设计者用灯光来缓解气氛，完美平衡的自然光和人工照明让室内空间舒适而放松。

图5-2-1 意大利LEMON服装店/Capucci工作室

图5-2-2 米兰ESCADA品牌橱窗陈列

图5-2-3 Atofio饰品店/Innovo Constructions事务所

图5-2-4 Vigoss专卖店货架

2.1.2 展卖空间不同区域的照明设计

（1）橱窗

一个富有吸引力的橱窗，可以在短短几秒钟内吸引行人停下脚步，进店光顾。在橱窗的陈列中，灯光功不可没，特别在夜色中，橱窗里的灯光更是吸引消费者的重要因素。

由于橱窗里的模特位置变化很大，为了满足模特陈列经常变化的情况，橱窗大多采用可以调节方向和距离的轨道射灯。为防止炫光和营造橱窗效果，橱窗中灯具一般被隐藏起来。传统的橱窗灯具通常装在橱窗的顶部，但由于其照射角度比较单一，目前一些国际品牌大多在橱窗的一侧或两侧，甚至在地面上安装几组灯光，以丰富橱窗灯光效果（图5-2-2）。

橱窗灯光设计也要考虑其类型，封闭式的橱窗由于可以进行相对独立的布光，自由度比较大。开放式、半开放式的橱窗与内部空间是一体的，因此必须要与店面内部空间呼应，根据不同的店面形式采取不同的灯光配置。

（2）入口

当消费者被橱窗所吸引时，会考虑是否再进店看看，因此入口的灯光效果也非常重要，照明设计的要求非常高。一般入口处的人流量也比较集中，需要营造出辉煌明朗的气氛，引起消费者的消费意识，而明亮的空间也容易使消费者有安全感，色温与室内相协调，以免对比过度（图5-2-3）。

（3）货架

对于层次较丰富、细节较多、需要清晰展示各个部位的展品来说，应减少投影或弱化阴影。可利用方向性不明显的漫射照明来消除阴影造成的干扰。需要突出立体感的商品则可以用侧光来进行组合照明（图5-2-4、图5-2-5）。

货架应选择具有良好显色性的照明灯具，采用重点照明的空间，可以用射灯或在货架中采用嵌入式及悬挂式直管荧光灯具进行局部照明。

（4）试衣区

试衣区的灯光要求色彩的还原性要好，因为消费者是在这里查看服装的色彩效果，一般适当采用色温低的光源。试衣镜前的灯光要避免炫光。

2.2 餐饮空间的照明设计

（1）入口休息厅

入口休息厅应创造使人愉悦和吸引人的照明效果，以较高的照度在有高光照明或自然光的入口和门厅之间，创造柔和的过渡效果（图5-2-6）。

（2）门厅

门厅是顾客看到餐厅室内的第一部分，应显示愉快、热情好客的气氛，照明应与空间装饰艺术相结合（图5-2-7）。不少餐厅采用以下照明方式。

① 使用间接照明的轻便灯。

② 间接型悬挂式照明灯具从顶棚上挂下来。

③ 均匀、明亮的透明塑料板或玻璃镶板做成发光顶棚（有时覆盖整个顶棚或墙面）。

④ 采用直接、间接型悬挂泛光灯。

⑤ 暗灯槽照明和下射照明。

（3）服务台

服务台是顾客进入门厅后寻找的第一个地方，因此必须有较高的照度，常采用悬挂式或嵌入式照明灯具。

（4）走道和楼梯间照明

走道照明应使消费者较容易和迅速地看清桌号和门牌，在顶棚上装设连续的或分段的荧光灯和半间接或间接型白炽灯具是较为常用的。在布置灯具时，应避免由于走道中常出现的横梁而产生阴影，并应按规范要求设置应急照明。

楼梯间照明要确保安全性，如自动扶梯应采用高照度的照明或予以起到标志作用的照明。

（5）大厅

大厅的照明需使就餐者看清菜单，照明系统中的灵活性，是希望提供不同照度的照明，并在色彩和性质上

图5-2-5 Denim R&D专卖店货架

图5-2-6 Food & Forest餐厅入口处/ YOD Design Lab

图5-2-7 轻井泽锅物台南店门厅/周易

图5-2-8　Com_DhoundtBajar_Lomme餐厅/6a architects

图5-2-9　Com_DhoundtBajar_Lomme餐厅/6a architects

图5-2-10　Y2C2 粤式餐厅上海店/VOL & Kokaistudios

与餐厅的装饰体系相一致，使墙面形成统一的高亮度（图5-2-8、图5-2-9）。下射照明和暗灯槽照明是经常使用的，有时也常用小台灯，偶然也用蜡烛作为补充照明，以增加情调。

（6）包房照明

包间的照明设计以强化室内空间、衬托整体环境为主，运用基础照明与装饰照明相结合的手法来处理整体光环境。基础照明要选用显色性好的光源来表现菜品可口，装饰性照明主要用来衬托环境气氛（图5-2-10）。要尽量避免直射光，因为直射光会在桌面及墙面造成光影，还容易形成炫光，可使用漫射光配合暗藏光源及调光系统，达到"见光不见灯"的效果。

2.3 酒店空间的照明设计

（1）酒店公共区域

酒店大堂是接待、迎送和日常出入的集散中心，是酒店的客房、餐饮、娱乐、保健等设施的共享空间，也是酒店各种水平交通和垂直交通的交会点。因此，合理的照明设计能够充分营造酒店风格特征，形成了整个酒店装饰设计的高潮序曲（图5-2-11）。

前台内部活动空间采用基础照明方式，工作台面采用重点照明，可用吊式筒灯悬挂在台面上方，应避免炫光。柜台吊沿可内置彩色灯光，构成向地面照明的漫反射灯光。柜台正面也可以内置灯光，面罩透光云石（图5-2-12、图5-2-13）。

大堂卫生间的位置要考虑酒店公共餐厅、酒吧、咖啡厅、会议厅及娱乐设施的需求来计算面积、布置设施。照明以重点照明为主，如厕位局部照明、洗面盆局部照明。照度不宜太亮，要有艺术氛围。

对于配有音乐演奏台的酒店，其位置宜在休闲区中部、大堂四周视线都能到达的地方，形状呈圆弧形，以利用音域扇形展开。音乐演奏台的光线设计重点照明，以逆光来强调演奏者的立体感觉。通常在台上设置聚光灯、滑轨射灯架、聚光效果较强的照明灯具，但照度不可太高。音乐演奏台既要考虑装饰效果、灯光变化，又要考虑音质效果。

（2）酒店客房

客房是酒店经营收入的主要来源，是消费者在酒店期间的长期停留场所。客房照明以局部照明为主，卧室可不安装照明灯或安装一盏小型吸顶灯。顶部还应按照消防要求安装烟感器和消防报警器，走廊上部可安装一盏吸顶灯照明。可在底部离地300mm高处安装睡眠灯（图5-2-14）。

客房卫生间天花材料一定要有防潮功能，可选择铝制天棚或防水纸面石膏板，天棚上要考虑检修孔的位置，以检修设备。天棚上可安装一盏吸顶灯，或灯光柔和的发光灯片。在浴池上方处安装浴霸。

2.4 休闲娱乐空间照明设计

（1）休闲娱乐空间照明设计的重要性

随着生活水平的提高，人们对休闲生活的需要也越来越多，各种新的休闲娱乐业态不断产生，空间装饰要求日益提高，如形式多样的吧类，无论是迪吧、音乐酒吧还是演艺吧，装饰上越来越注重个性。实现个性除了造型之外就是依靠灯光，恰当地选用光源和灯光搭配非常重要。

图5-2-11　上海星河湾花园酒店/邱德光、刘家麟、陈惠君、廖佩晶、刘永懋

图5-2-12　万豪国际酒店

图5-2-13　Pour l'酒店前台

图5-2-14　上海浦东四季酒店客房

一般说来，休闲娱乐空间在有限的场所内通过空间设计创造足够的个性，有相当的局限性，而休闲娱乐空间一般采用非强光照明，色彩体现必须伴随着灯光的效果和照明方式的选用。由此可见，在休闲娱乐空间，灯光的设计将起着相当关键的作用（图5-2-15、图5-2-16）。

（2）休闲娱乐空间照明设计的要点

通过前文的学习，我们知道照明方式通常分为基础照明、重点照明和装饰照明三种，针对不同的空间，照明方式也不尽相同。休闲娱乐空间的照明要精心构思，技术性结合艺术性，并融合光的实用功能、美学功能及精神功能为一体，使空间更好地适应人的行为和心理需求。

装饰照明通常的理解是仅仅作为照明的一种点缀和补充，但在特定的场所，其功能甚至超过基础照明。休闲娱乐空间是为了体现一种氛围，一种情调，最为注重的就是重点照明和装饰照明的效果，甚至把装饰照明作为休闲娱乐空间的一种主体照明方式。在休闲娱乐空间，装饰照明就具备体现空间的主题诉求和基本格调，制造焦点和亮点，对局部功能的强化和补充等功能（图5-2-17、图5-2-18）。

图5-2-15　Eclectic俱乐部/Alexandra Avram

图5-2-16　希腊O13酒吧 / Minas Kosmidis

在休闲娱乐场所照明设计中，强调装饰照明的同时，也决不能忽视照明的功能性要求，如入口、大堂、走道等公共区域照度的保证，灯光搭配中防止炫光的产生等。有时为了营造宁静、优雅的空间环境，多采用间接照明避免灯光直射产生不适；避免大面积的强光和光强反差太大产生视觉疲劳；在局部公共区域，如电梯应配置相关的指示照明，如灯带等。因此，不同的区域灯光设计需要分区进行。

图5-2-17　Cienna 酒吧 / Bluarch Architecture + Interiors

图5-2-18　徐州爱特纳酒吧/哲东设计公司

思考与练习

1. 选择一个空间案例进行照明设计分析。

2. 根据本章内容，试对一个中型的服装专卖店进行照明设计（手绘或CAD表现均可），要求设计中体现整体照明、重点照明相结合的照明方式。

第六章 商业空间设计分析

商业空间设计根据进程顺序，可以分为设计准备、方案设计、施工图设计、设计实施等阶段。每个阶段有若干子任务，共同构成了商业空间设计的整体方案。

第一节 商业展卖空间设计程序

1.1 设计准备阶段

1.1.1 项目任务

① 项目名称：服装专卖店（中端品牌，适合年龄18～30岁）。

② 项目面积：108平方米。层高：3米。

③ 项目定位：休闲、运动。

1.1.2 资料收集

① 现场勘测：经过现场勘探与测量，绘制出建筑原始平面结构草图（图6-1-1、图6-1-2）。

② 案例资料整理：根据项目的具体情况、户型结构与面积、定位风格样式和具体的投资，在设计素材或案例中寻找相关的资料，辅助设计。

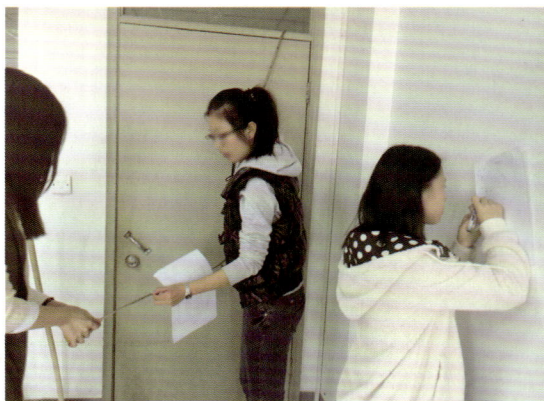

图6-1-1 学生进行现场测量

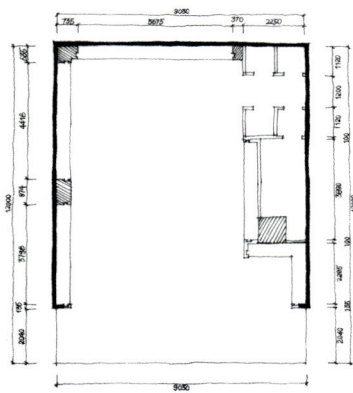

图6-1-2 建筑原始平面结构草图

1.1.3 方案草图设计

方案草图设计在工程项目中的主要任务是完成空间形态的整体塑造。它是商业空间设计的形象风格构思阶段，要立足于功能布局的总体把握，不计较具体细节的完善。草图创意是建立体现项目个性形象的符号系统，创意设计方案的空间氛围更多地停留在设计方案的自我交流思维层面，是商业空间设计不可缺少的阶段（图6-1-3）。方案制作的前期是搜集大量的调研资料，经过汇总后会形成一些具体化的元素，把这些元素分解变成抽象的设计单体，再运用到具体的设计创作中去。

（1）平面和立面空间界面样式草图

平面和立面空间界面样式草图主要是规划室内功能布局、空间形状和尺度、家居、陈设及设备布局（图6-1-4至图6-1-7）。对以上设计要素要通过多张草图反复论证比较，并进行图解分析，促进设计者活动深化、扩展和完善。

（2）透视图解方式

设计师常常需要面对没有空间想象力的对象，用平面正投图解分析方式难以传达相关信息；通过三维透视的视觉空间来表述设计思维，可以直观而清晰地观察到最后的空间效果。

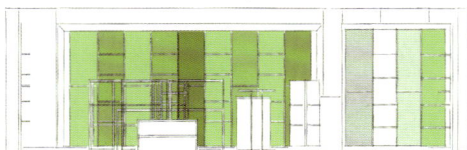

图6-1-3　概念设计阶段思维顺序之一

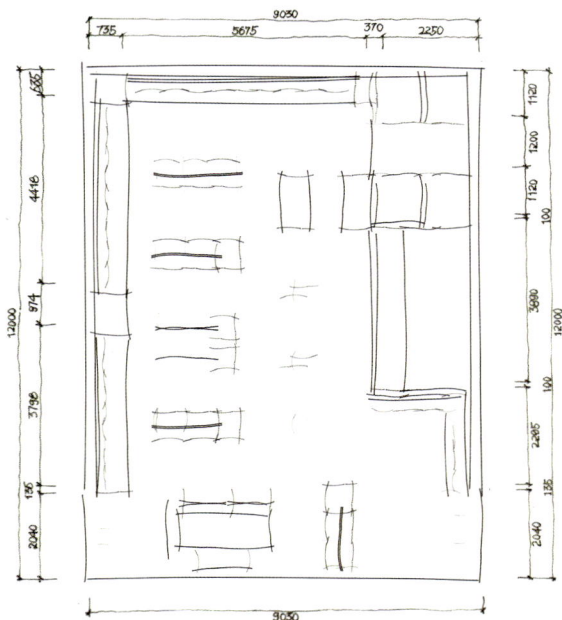

图6-1-4　概念草图（平面布置图）

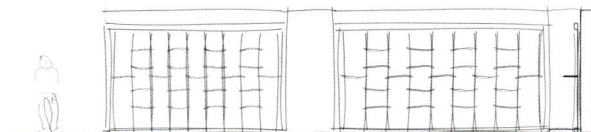

图6-1-5　概念草图（立面图1）

图6-1-6　概念草图（立面图2）

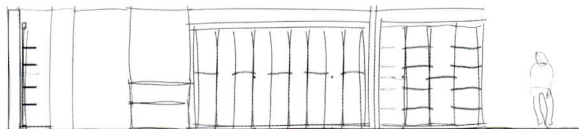

图6-1-7　概念草图（立面图3）

三维透视图解方式因观看角度和视线的变化，常见表现室内效果的类型有平行透视图、成角透视图、轴测图等，也可以是随意的草图形式，其目的就是为了达到图解思维设计的表述（图6-1-8）。

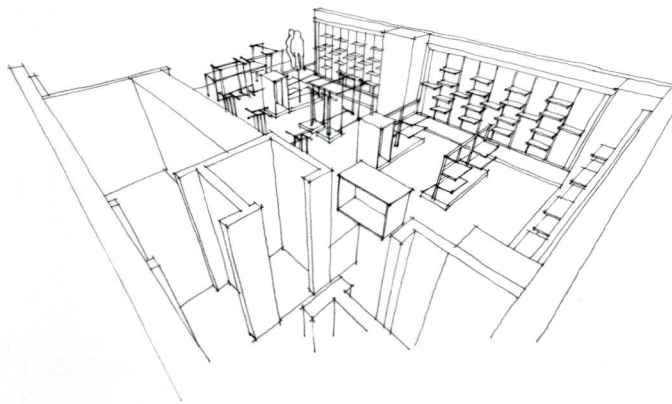

图6-1-8　概念透视图

1.2 方案设计阶段

方案设计阶段的图纸应该是一套完整的正规图纸，包括平面布局图、地面铺装图、天棚平面图、立面图、空间效果图、材料样板图和设计说明。由于方案设计图纸是设计者向业主提交的正式方案，从内容上，方案图是概念设计的具体化、全面化和深入化；从效果上，方案图是运用规范的工程界交流的图纸语言，达到具有表现力的竞争强度。从某种意义上讲，方案图是概念设计的优化选择，也是决定设计方向的关键阶段。

1.2.1 方案草图深入设计

（1）交通流线分析

专卖店是一个特定的商业空间，这个空间中的各种展具、装饰品将其划分成若干个小空间，进入店内的消费者按照某种规律在各空间内流动。对专卖店室内空间进行设计时，首先要对人流规律进行分析，对人流引导的合理性直接关系到专卖店的人气和销售业绩（图6-1-9）。

（2）空间分析图

从室内空间构成来看，专卖店主要由入口空间、营业空间、附属空间三部分构成，其中营业空间包括商品陈列区、收银区、休息区、试衣区等，附属空间包括储藏室、员工更衣室等。对专卖店室内平面布局进行设计时，首先是对整个空间的初步划分，设计师可以用圆圈、方块等快速的手绘表达方式对各个功能区域进行初步划分，然后对各种方案进行反复推敲。这一步直接决定功能分区的合理性。在确定了区域划分的基础上，根据空间大小、销售种类、风格和陈设要求进一步完善和细化平面布局（图6-1-10）。

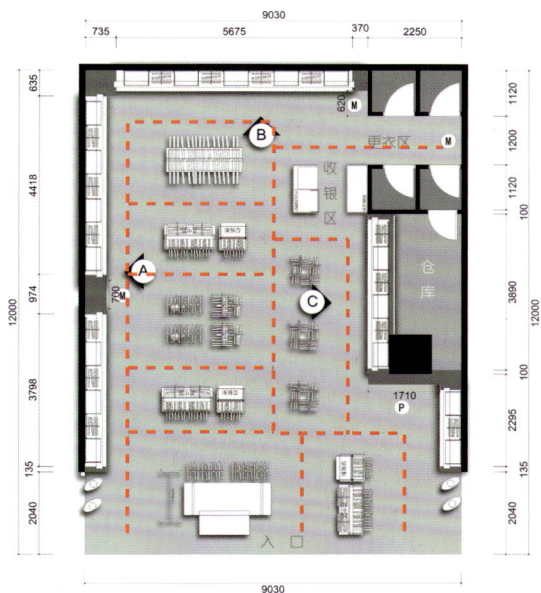

图6-1-9　交通流线分析图

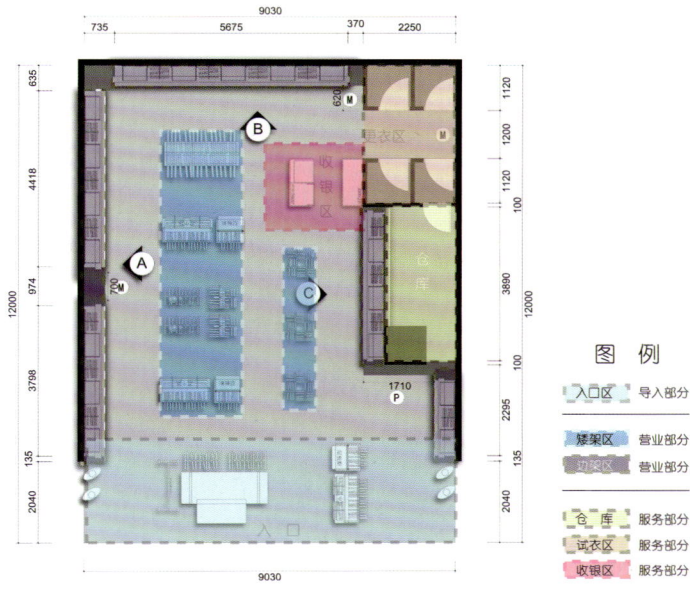

图6-1-10　空间分析图

图　例

入口区　导入部分

矮架区　营业部分
边架区　营业部分

仓　库　服务部分
试衣区　服务部分
收银区　服务部分

（3）道具设计图

专卖店中既可以采用规范化的货柜和货架，也可以根据需要自行制作个性展架和展柜。同一展卖空间中，货架和货柜的造型要基本一致，以形成有序和整齐的展示环境。其色彩不宜过于鲜亮，以免喧宾夺主，影响对商品的展示效果（图6-1-11至图6-1-13）。

图6-1-11　分层架

图6-1-12　四边架

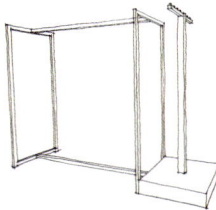

图6-1-13　多功能矮架

1.2.2　具体方案图

① 平面布置图。

平面布置图是方案设计阶段最重要的部分，也是空间布局策划的基础（图6-1-14）。与业主进行充分探讨直到各方确认签字才可以进入天花板图和立面图的设计程序。

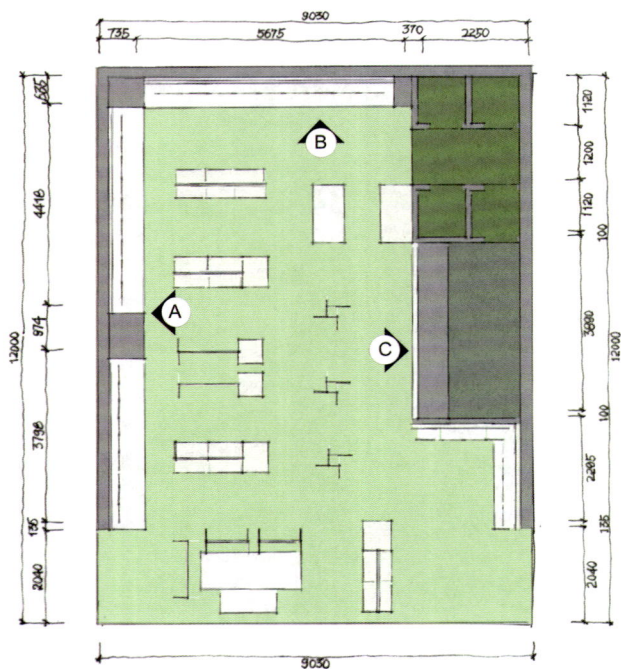

图6-1-14 平面布置图

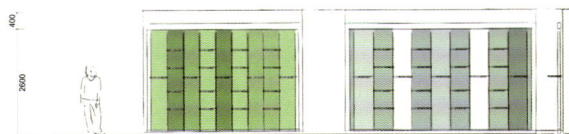

图6-1-15 立面图1

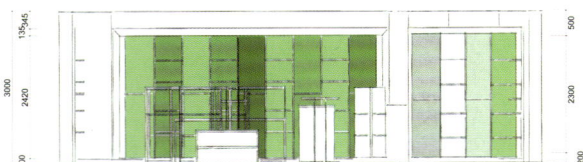

图6-1-16 立面图2

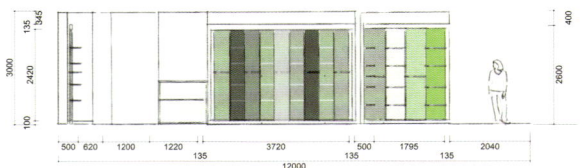

图6-1-17 立面图3

② 各立面图（图6-1-15至图6-1-17）。
③ 效果图（图6-1-18至图6-1-20）。

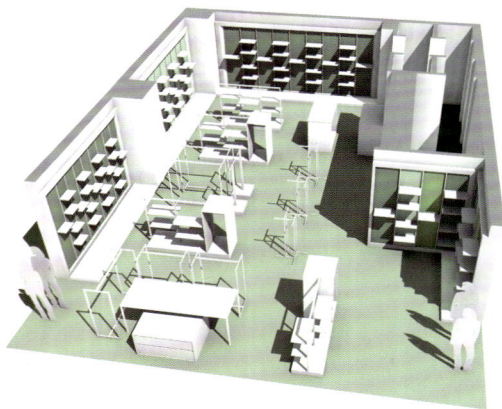

图6-1-18 效果图1

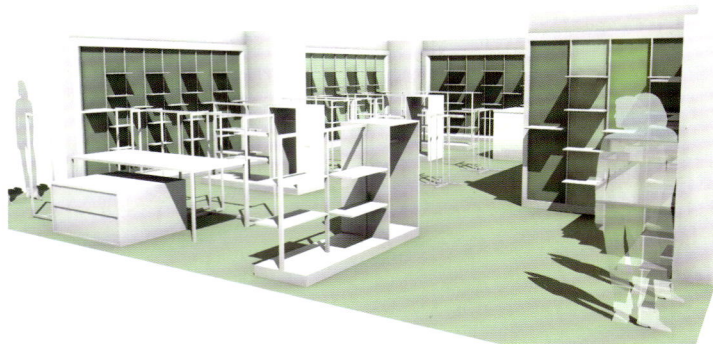

图6-1-19 效果图2

图6-1-20　效果图3

1.3 施工图设计阶段

　　施工图设计阶段是在完成方案后，经业主确认方案图的基础上，将方案设计的"构思"内容，以"标准"的制图进行专业语言表述，施工图要画出合理可行的施工构造图并附上图说。施工图主要是工程设计人员和施工人员交流的语言及施工的依据，一定要清晰、标准（图6-1-21至图6-1-29）。

　　施工图是施工构造的基础，要验证方案设计的可行性，完善方案设计的合理性，进一步深化方案设计的理念。施工图主要包括界面材料及构造、界面层次及剖面、细部尺寸及大样、设备位置、安装和施工详细说明书。

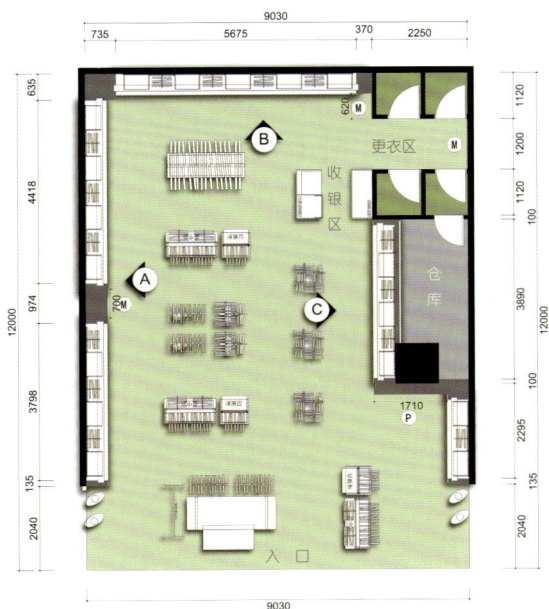

图6-1-21　平面布置图

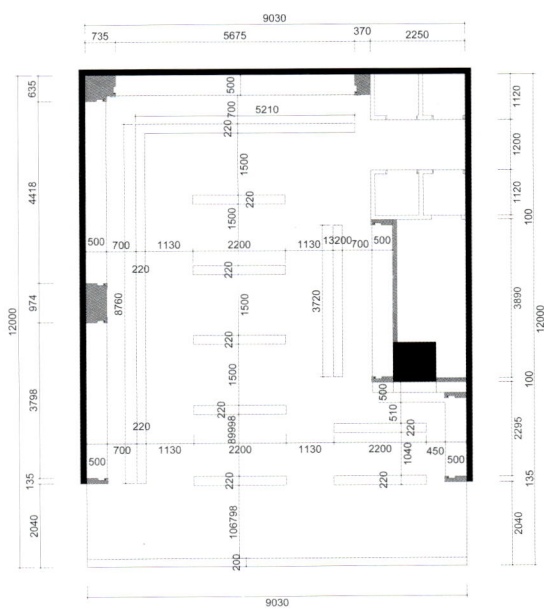

图6-1-22　天花板布置图

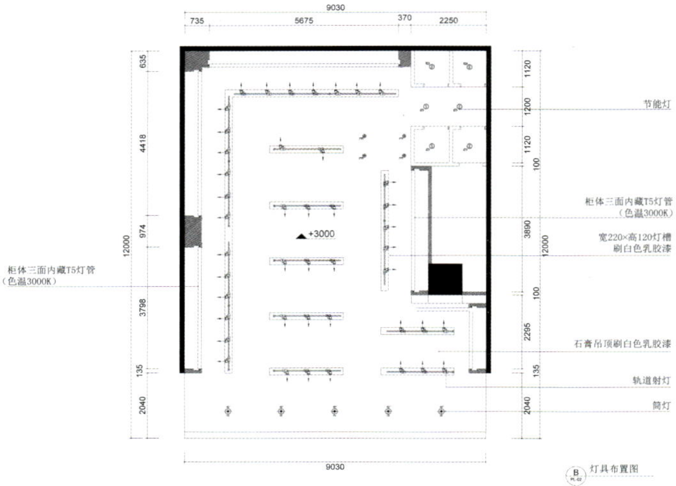

图6-1-23　灯具布置图

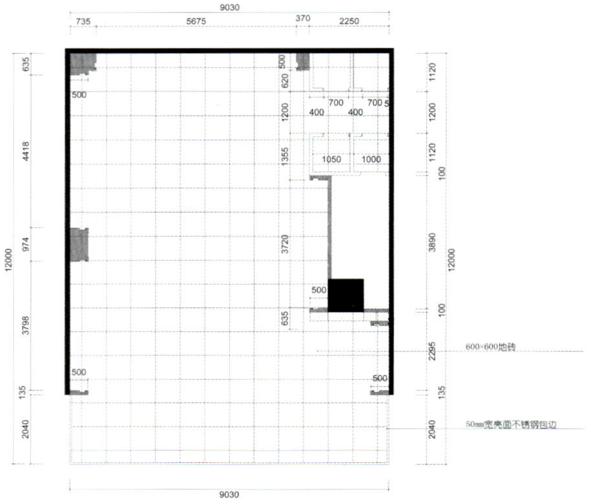

图6-1-24　地面铺装图

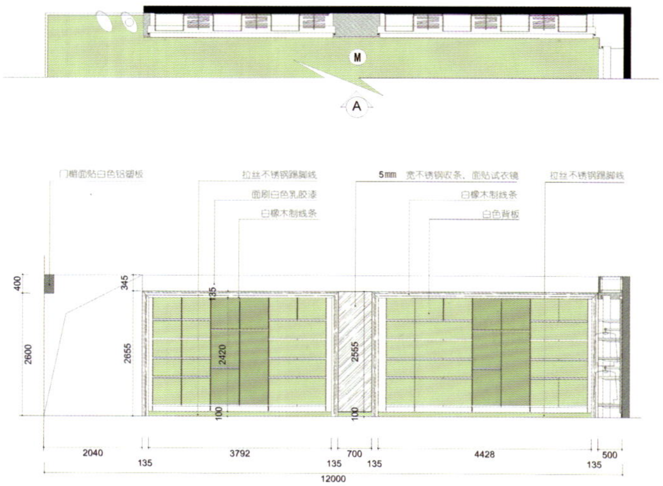

图6-1-25　立面图1

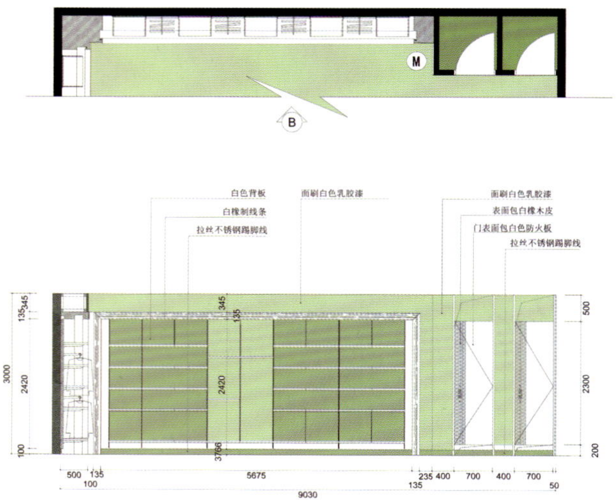

图6-1-26　立面图2

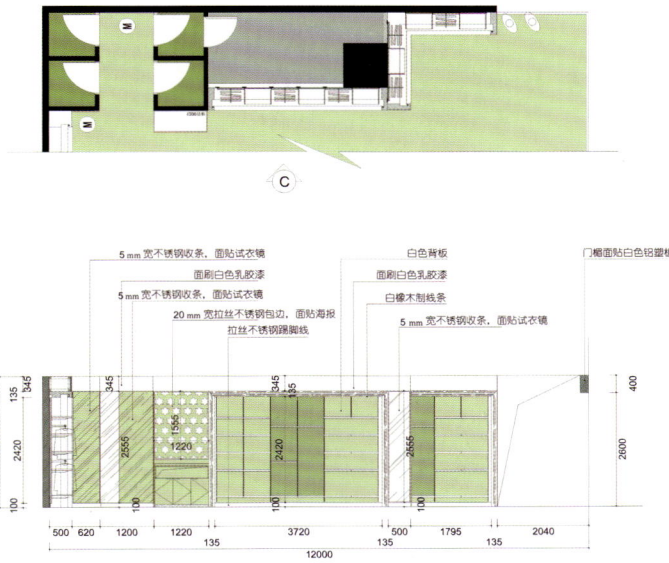

图6-1-27　立面图3

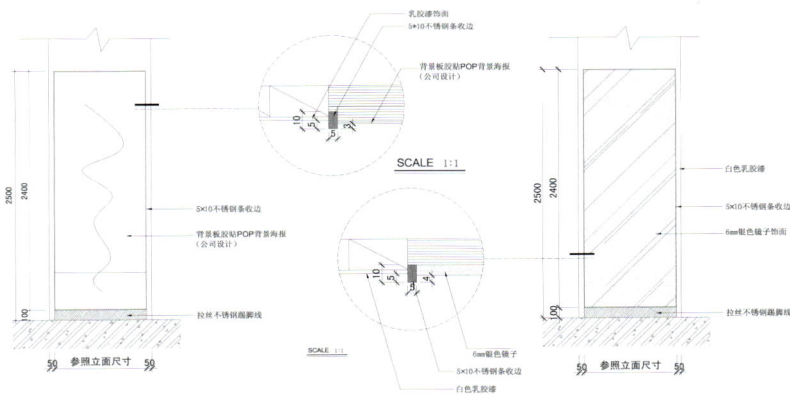

图6-1-28　节点图1

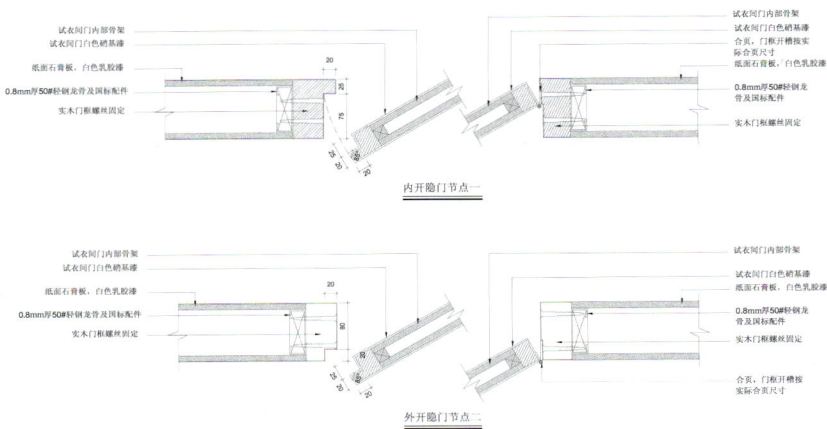

内开隐门节点一

外开隐门节点二

图6-1-29　节点图2

第二节 餐饮空间设计程序

2.1 准备阶段

餐厅设计规划要求各不同功能的空间布局合理、座位安排及餐位数合理等。本项目位于浙江龙泉市，空间设计定位为新中式为主的混搭风格，餐厅共两层，位于一个商业步行街内，两面临街。餐厅的内部空间主要包括接待区、卡座区、包间、盥洗间、管理空间（服务台、办公室等）、通道、走廊等。餐厅的设计需要新意，同时尽可能体现出复古的氛围，设计中选用传统的砖瓦元素以及锈蚀的金属材料，用室内设计讲述餐厅的故事。

2.2 方案设计阶段

方案设计阶段包括对平面进行布局和推敲，搜集信息对每一个空间进行细致设计，提出具体设计方案并进行分析比较，画出建筑外立面的设计方案图、平面布置图、顶面布置图、包间的设计图、通道的设计图等（图6-2-1至图6-2-10）。

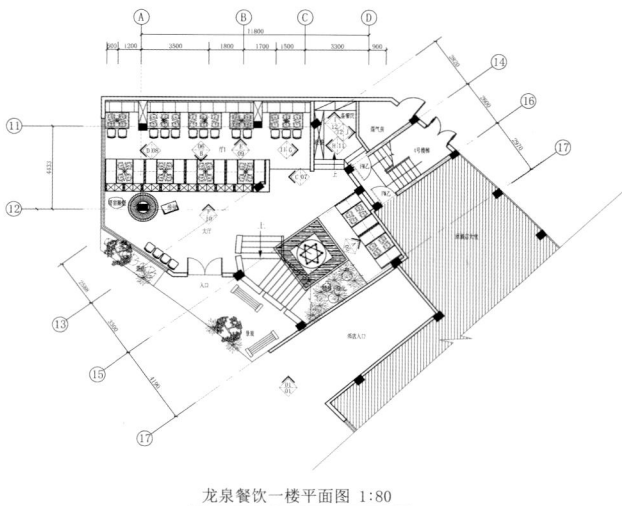

龙泉餐饮一楼平面图 1:80

图6-2-1 龙泉雪拉图餐厅一楼平面图

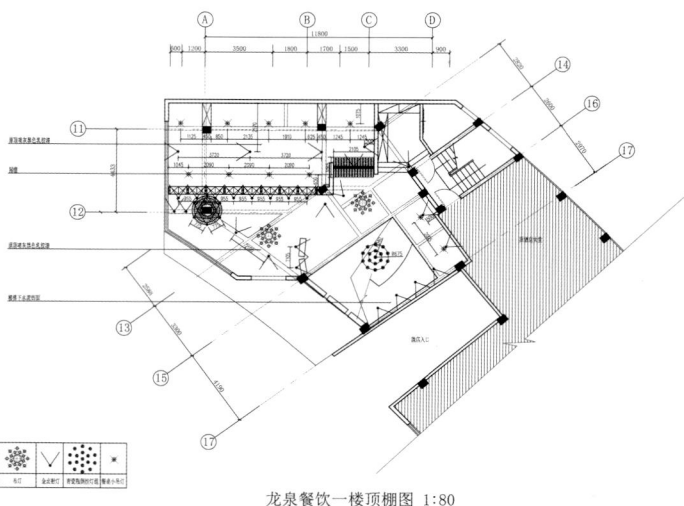

龙泉餐饮一楼顶棚图 1:80

图6-2-2 龙泉雪拉图餐厅一楼顶面图

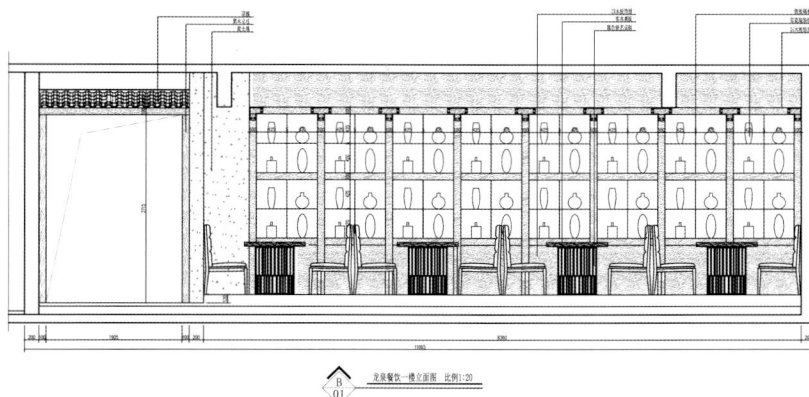

图6-2-3 龙泉雪拉图餐厅一楼卡座区立面图

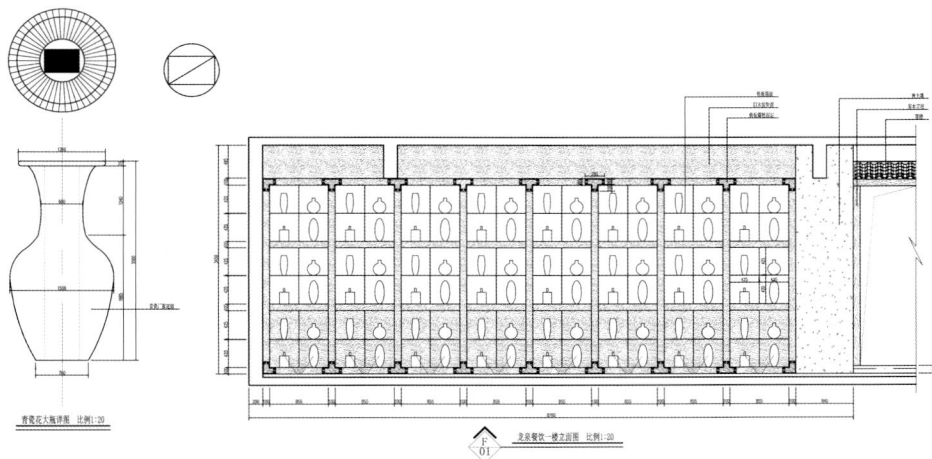

图6-2-4 龙泉雪拉图餐厅一楼走道立面图

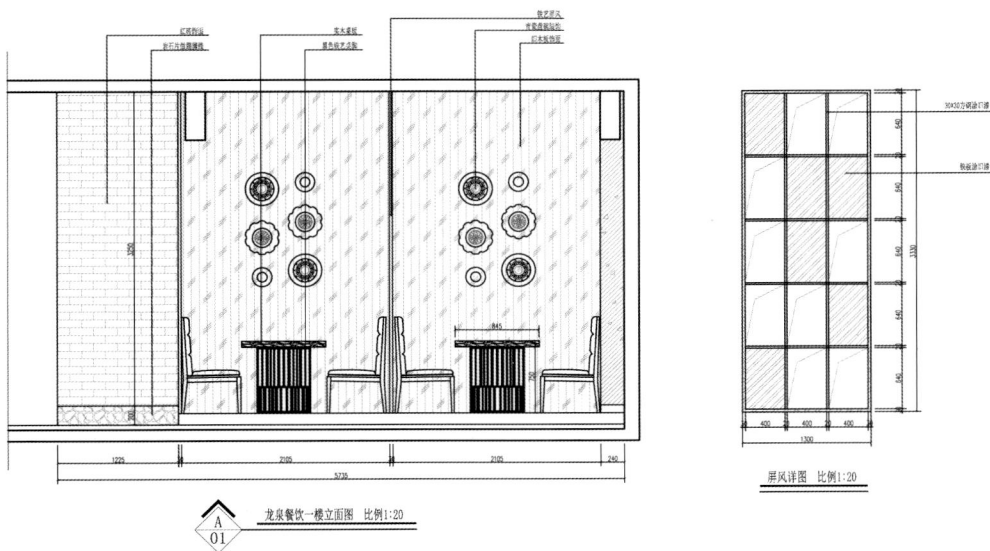

图6-2-5 龙泉雪拉图餐厅一楼立面图

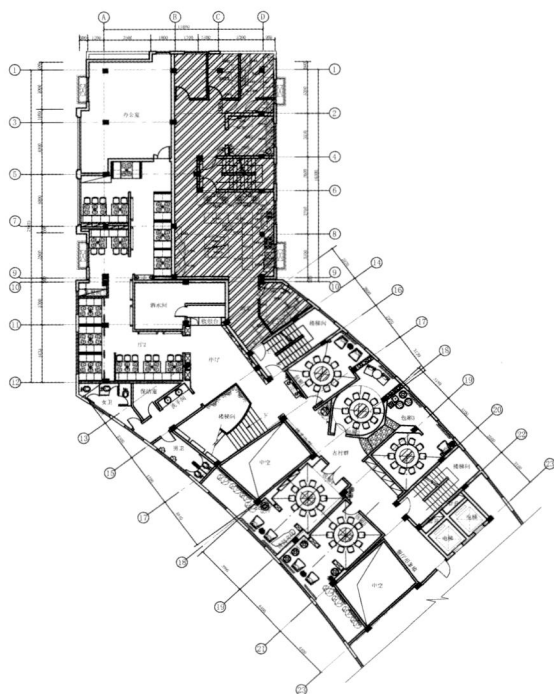

龙泉餐饮二楼平面图 1:120

图6-2-6 龙泉雪拉图餐厅二楼平面图

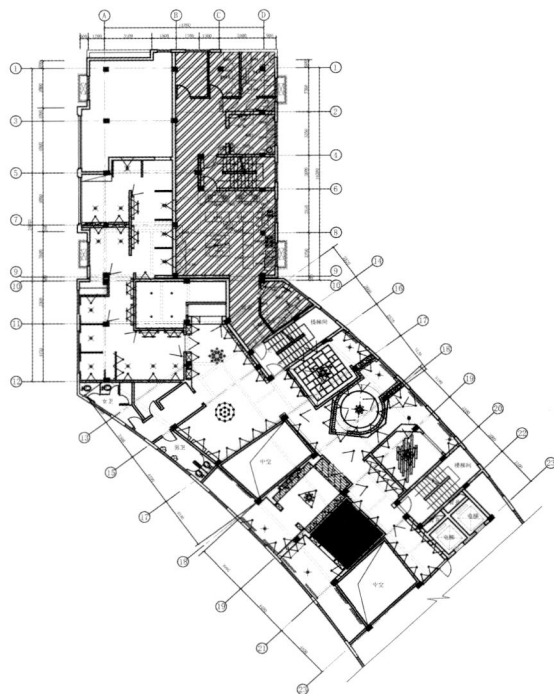

龙泉餐饮二楼顶棚图 1:120

图6-2-7 龙泉雪拉图餐厅二楼顶棚图

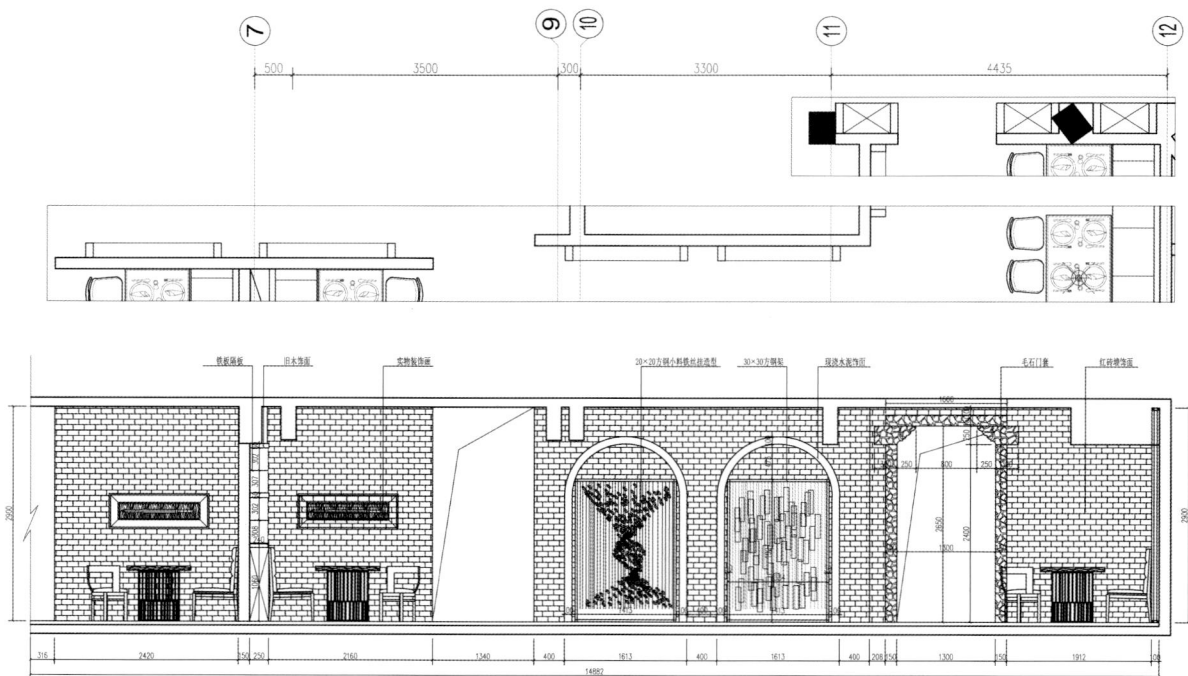

龙泉餐饮厅二C立面图 1:30

图6-2-8 龙泉雪拉图餐厅二楼C立面图

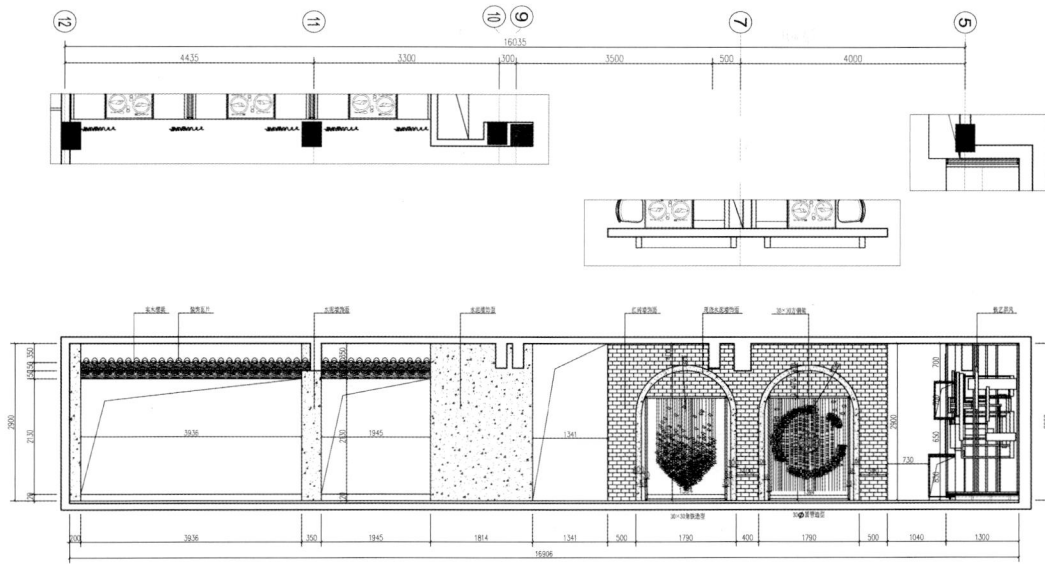

龙泉餐饮厅二F立面图 1:40

图6-2-9　龙泉雪拉图餐厅二层F立面图

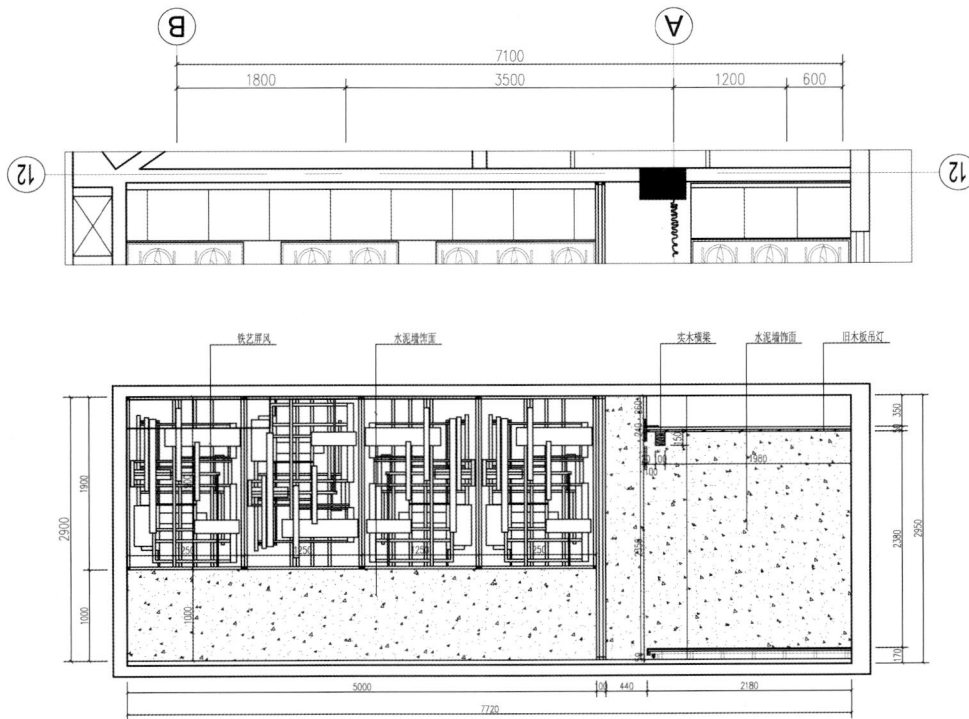

龙泉餐饮厅二H立面图 1:30

图6-2-10　龙泉雪拉图餐厅二楼H立面图

2.3 实施阶段

　　窗格为元素的入口设计为消费者划定出时空的界限，外观设计含蓄内敛，营造出中式些许禅意氛围。一楼大厅采用透明的落地玻璃使窗内窗外互为风景，几株松树和几块毛石的造景衬托出"雪拉图"的神秘雪国意境（图6-2-11至图6-2-15）。

　　卡座区的主题延续了雪国的意境，驯鹿、毛石、马灯的主题元素在卡座区以不同的形式再重复（图6-2-16）。

图6-2-11　餐厅外立面效果图

图6-2-12　大厅效果图1

图6-2-13　大厅效果图2

图6-2-14　包间效果图

图6-2-15　餐厅过道效果图

图6-2-16　卡座区效果图

第三节　酒店空间设计

3.1 准备阶段

　　酒店设计规划是依据可行性报告和定位报告的指引以及业主的要求形成规划方案和建筑方案，设计前必须先完成市场调研、酒店定位、酒店规模档次确定、项目可行性分析等工作。

　　由Concrete公司设计的Citizen M酒店是其在美国的处女作，酒店位于纽约时代广场中心区域（图6-3-1）。

图6-3-1　酒店外景

3.2 方案设计阶段

　　这个阶段是在确定项目计划后，进一步分析资料与信息，提出具体设计方案并进行分析比较，画出设计平面图（图6-3-2至图6-3-6）。

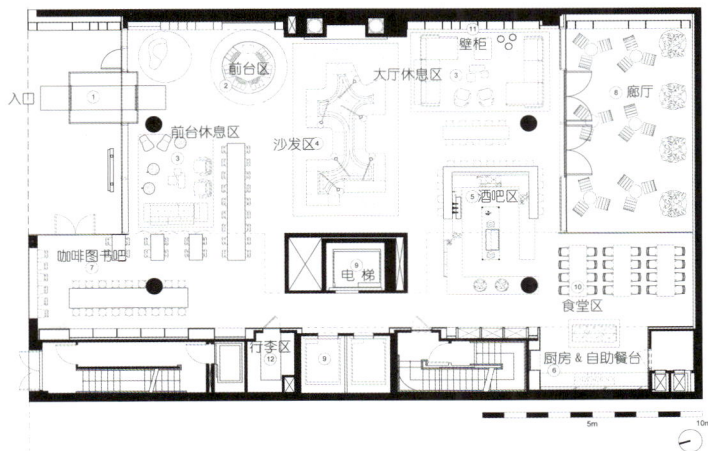

图6-3-2　酒店一楼平面图

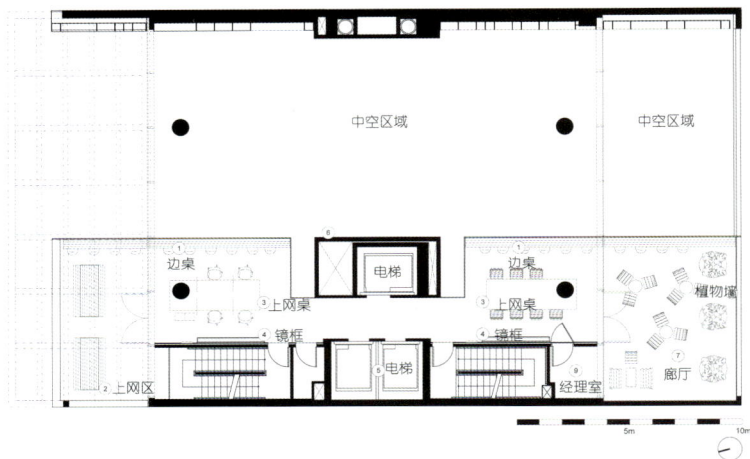

图6-3-3 酒店二楼平面图

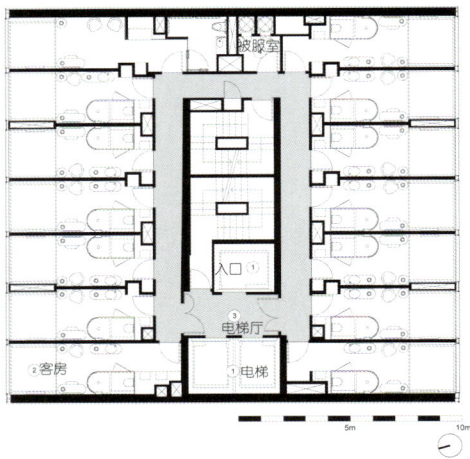

图6-3-4 客房标准层平面布置图

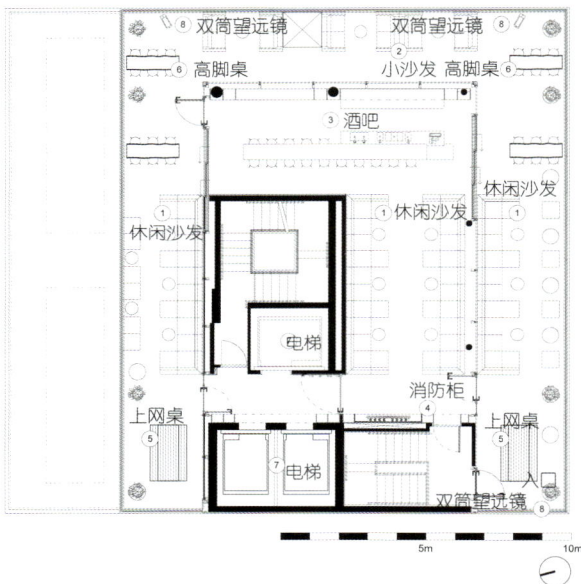

图6-3-5 顶层平面图

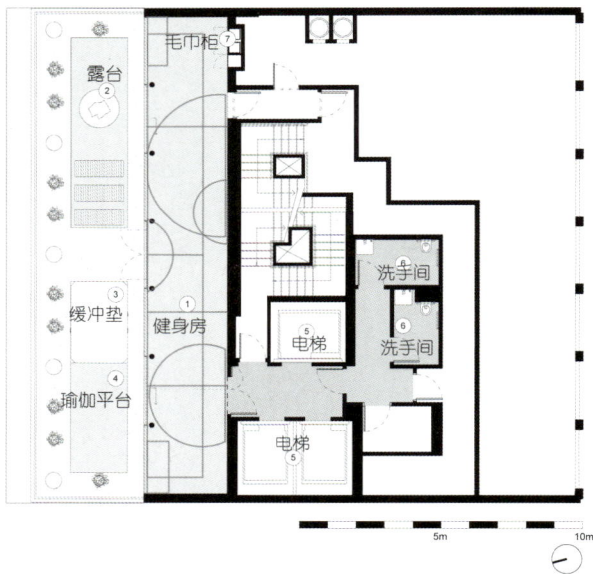

图6-3-6 健身中心/露台平面图

3.3 实施阶段

为顾客营造宾至如归的氛围是Citizen M酒店的经营理念,舒适度作为空间设计的首要标准,一切设施都以此为目标(图6-3-7至图6-3-10)。

屋顶酒吧构建了Citizen M的社交中心,采用透明玻璃,这种透明的外表面和地板到天花板的连续感连接起了内部和外部(图6-3-11、图6-3-12)。

图6-3-7　实景图1

图6-3-8　实景图2

图6-3-9　实景图3

图6-3-10　实景图4

图6-3-11　酒吧实景图

图6-3-12　天台实景图

第四节 休闲娱乐空间设计程序

4.1 设计准备阶段

休闲娱乐空间的设计准备工作首要考虑的是客户的设计定位。本案为主题量贩式KTV设计，项目总面积2000平方米左右，内部空间主要包括大厅接待区、包间、盥洗间、酒水吧、管理空间（服务台、办公室等）、通道、走廊等。

4.2 方案设计阶段

本案的平面为L形平面，在规划时需要考虑人流动线的安排，设计时要合理分配包间的大小和数量。方案设计阶段要进行细致平面的布局和推敲，提出具体设计方案并进行分析比较，画出相关设计图（图6-4-1至图6-4-5）。

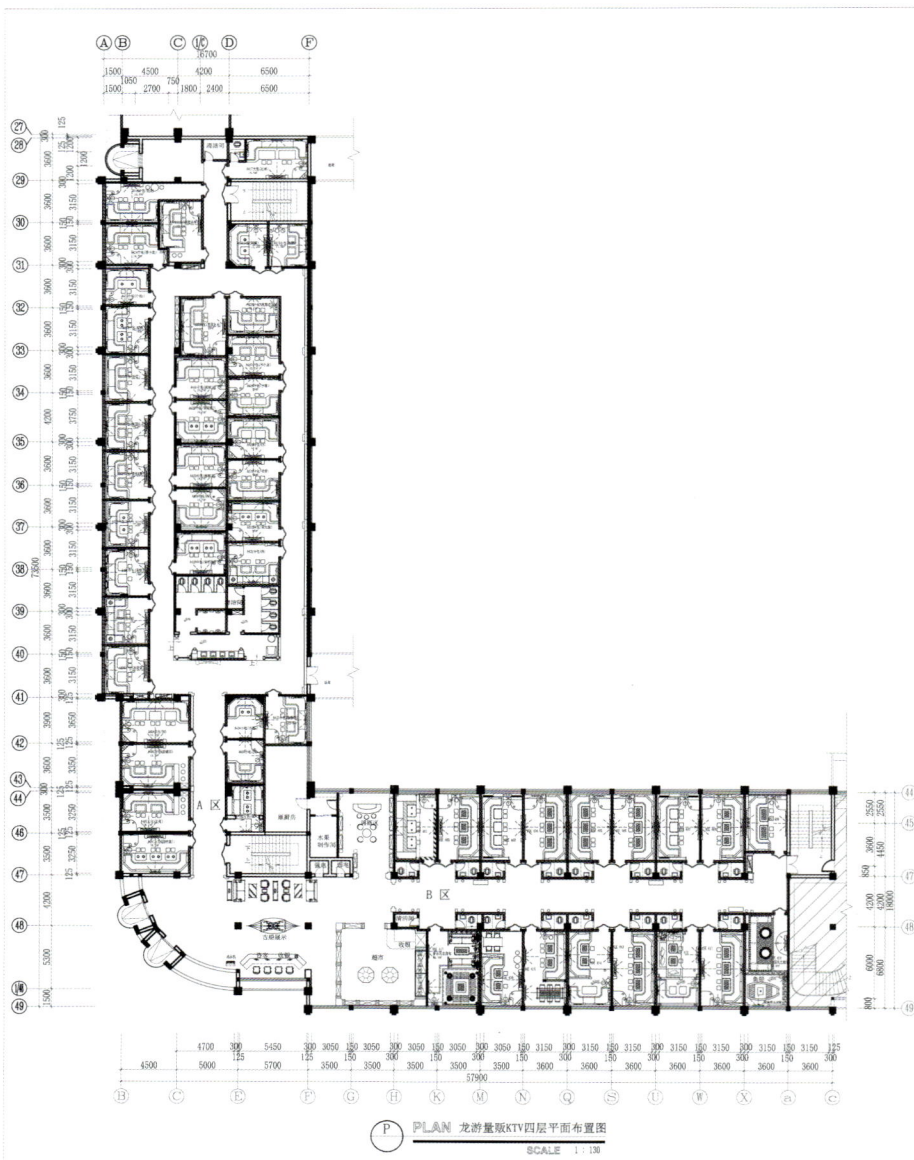

PLAN 龙游量贩KTV四层平面布置图
SCALE 1：130

图6-4-1 KTV总平面图

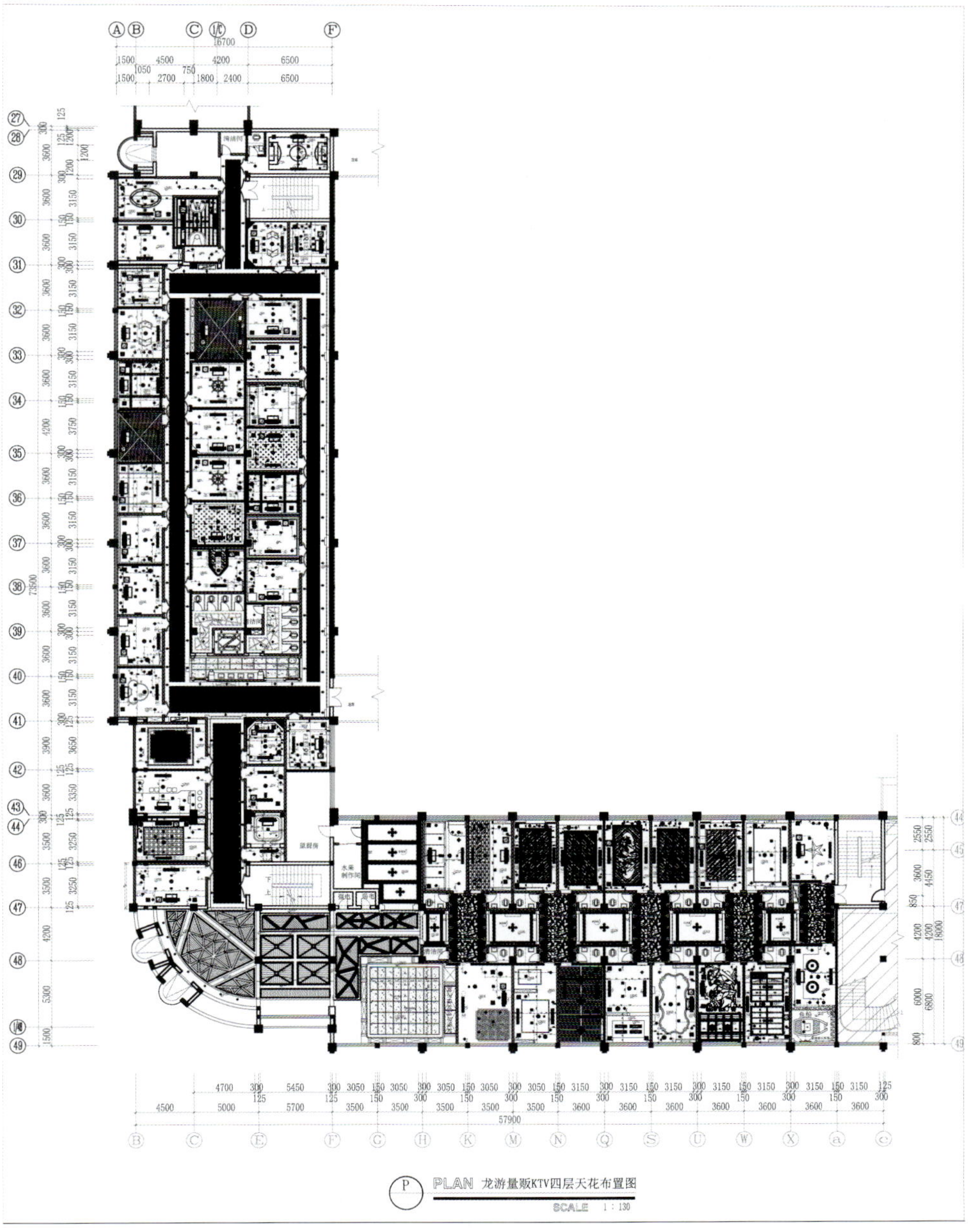

P PLAN 龙游量贩KTV四层天花布置图
SCALE 1：130

图6-4-2　KTV天花布置图

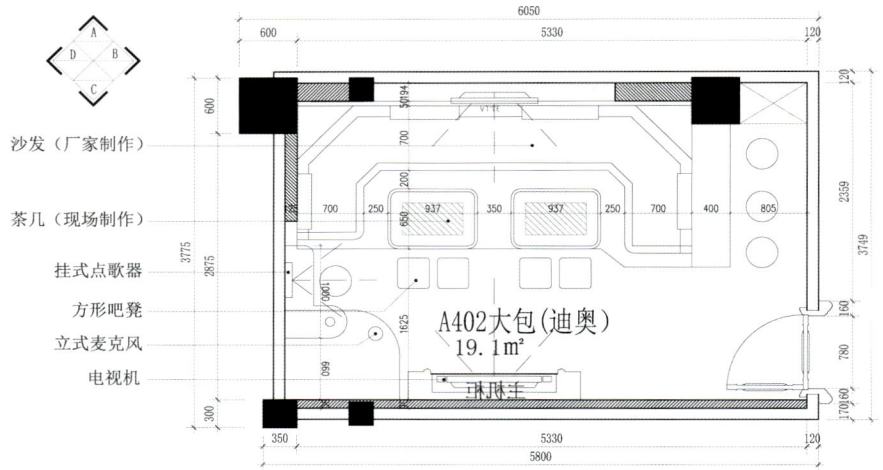

沙发（厂家制作）

茶几（现场制作）

挂式点歌器
方形吧凳
立式麦克风
电视机

A402大包(迪奥)
19.1m²

A区402包厢平面布置图

SCALE 1：30

图6-4-3　包厢平面布置图

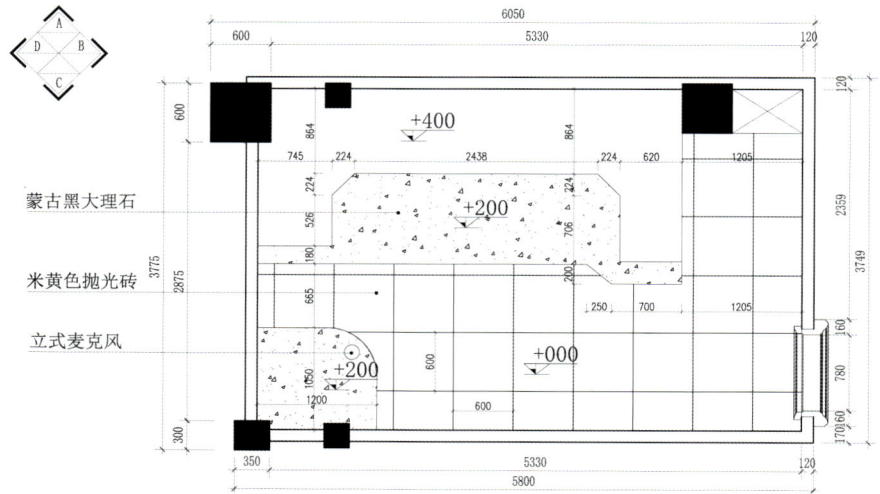

蒙古黑大理石

米黄色抛光砖

立式麦克风

+400
+200
+200
+000

A区402包厢地面布置图

SCALE 1：30

图6-4-4　包厢地面布置图

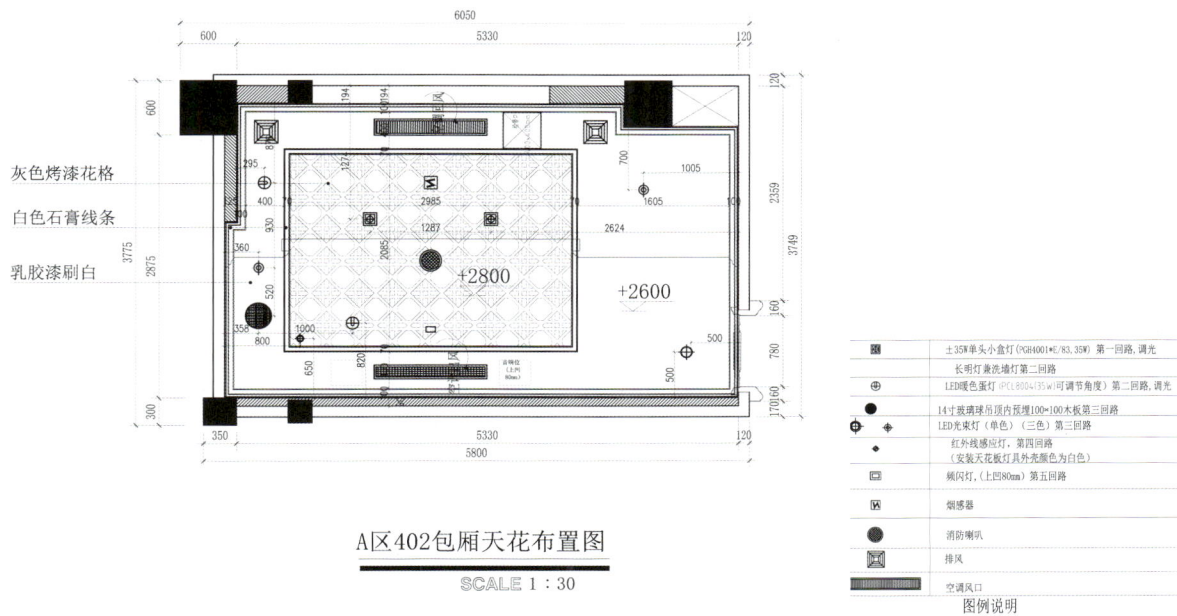

灰色烤漆花格

白色石膏线条

乳胶漆刷白

A区402包厢天花布置图

SCALE 1：30

	±35W单头小盒灯(PGH4001#E/83,35W) 第一回路,调光
	长明灯兼洗墙灯第二回路
	LED暖色蛋灯(PCL8004/35w)可调节角度)第二回路,调光
	14寸玻璃球吊顶内预埋100×100木板第三回路
	LED光束灯(单色)(三色)第三回路
	红外线感应灯,第四回路 (安装天花板灯具外壳颜色为白色)
	斜闪灯,(上凹80mm)第五回路
	烟感器
	消防喇叭
	排风
	空调风口
	图例说明

图6-4-5 包厢天花布置图

4.3 项目实施阶段

　　设计的创意需要通过具体的陈设、家具、材料和灯光搭配呈现出来。KTV的设计重点在包间和大厅，在龙游主题量贩KTV的设计中，大厅设计为混搭风格，属于整合所有主题的一个空间体现，因此家具和陈设的选择都需要精心搭配，而每个包间的设计都有不同的主题，如迪奥主题、篮球运动主题等，以便满足不同消费者的需求（图6-4-6至图6-4-10）。

图6-4-6 大厅效果图1

图6-4-7 大厅效果图2

图6-4-8　不同主题的包间设计

图6-4-9　古堡风格的大包设计1

图6-4-10　古堡风格的大包设计2

第五节　案例欣赏

ground floor plan

1st floor plan

store-front elevation

图6-5-1　Degaje 专卖店/ Zemberek 设计工作室

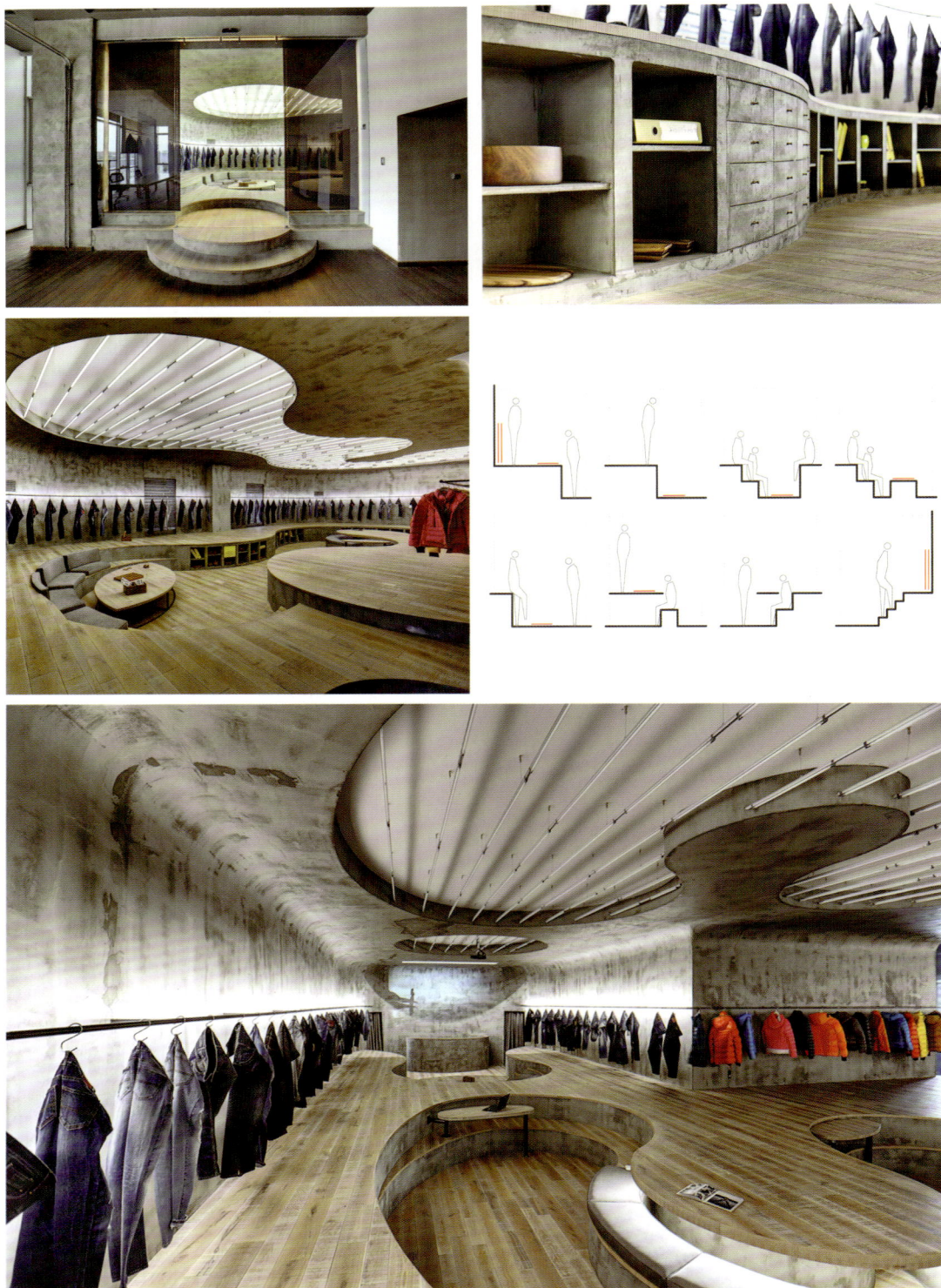

图6-5-2　Denim R&D 专卖店 / Zemberek 设计工作室

图6-5-3　下沉空间与天花板呼应，形成一个连贯的空间体系/ Denim R&D 专卖店 / Zemberek 设计工作室

图6-5-4　Degaje 专卖店店头设计/ Zemberek 设计工作室

图6-5-5　Restaurant Noble Den Bosch/Concrete Architectural Associates

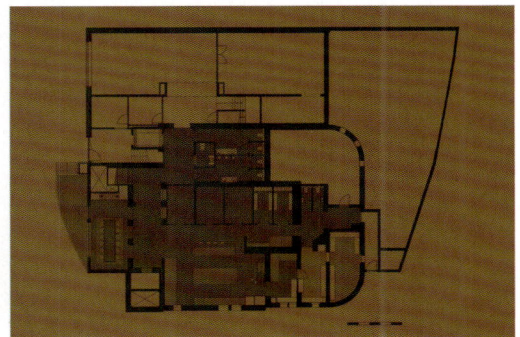

图6-5-6　Restaurant Noble Den Bosch/Concrete Architectural Associates

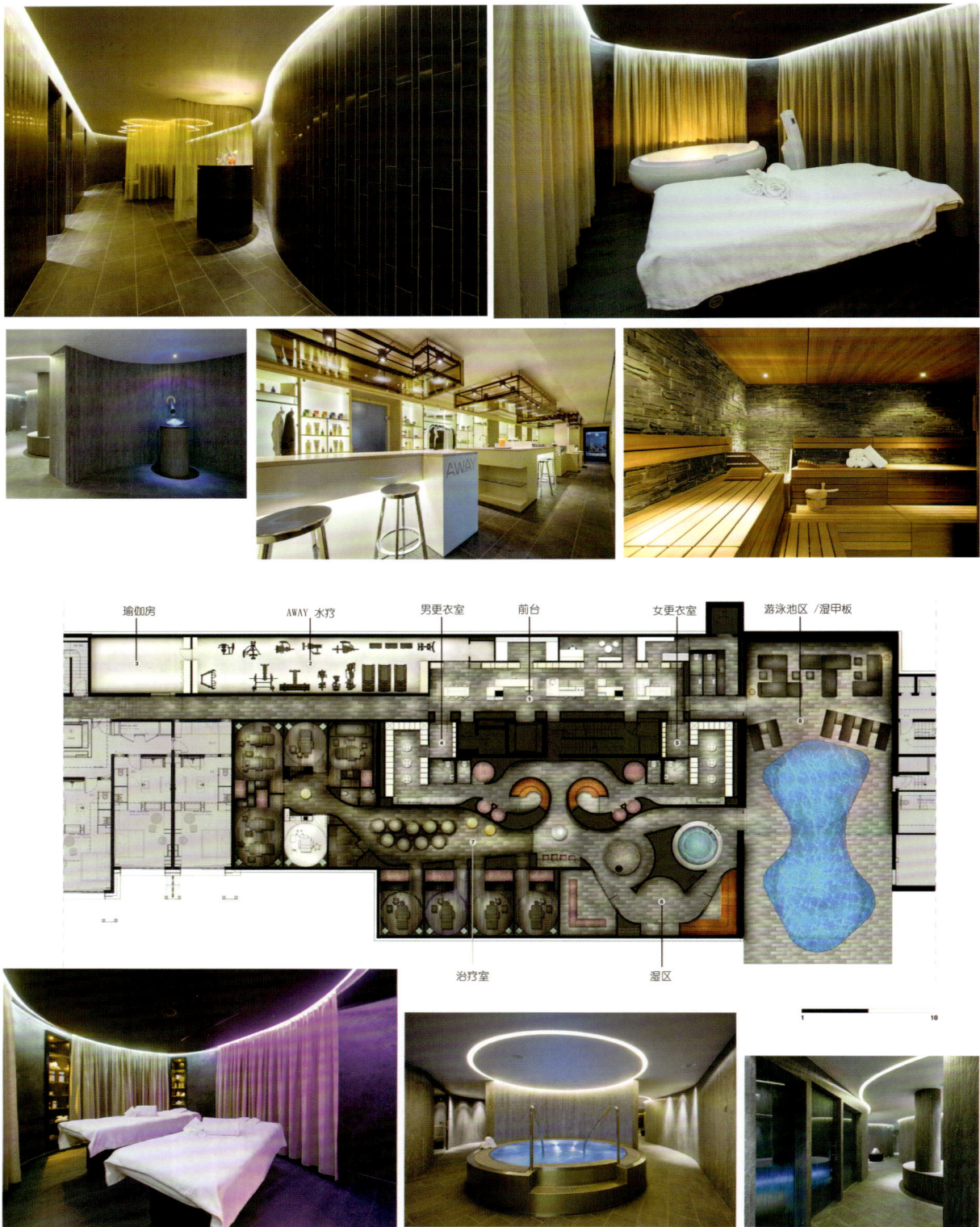

图6-5-7　W 酒店（Verbier） AWAY spa 平面布置图及效果场景/Concrete Architectural Associates

图6-5-8　深黑色休闲沙发，钢网隔开的窗帘，银色天花板和温暖的照明创造出独特的气氛/ Supper Club/Concrete Architectural Associates

图6-5-9　吧台/Supper Club/Concrete Architectural Associates

图6-5-10　一个金色的楼梯连接了入口和酒吧，这是一个巨大的鸡尾酒吧，中心有一个巨大的吧徽沐浴在曼妙的灯光下/ Supper Club/Concrete Architectural Associates

思考与练习

1. 不同商业空间的设计程序和组成部分有哪些？

2. 设计一个面积在1000平方米左右的量贩式KTV方案，要求对各空间规划合理、符合功能要求，设计体现风格的连续性。

参考文献

[1] 张绮曼，郑曙旸. 室内设计经典集[M]. 北京：中国建筑工业出版社，1994.

[2] 周昕涛. 商业空间设计[M]. 上海：上海人民美术出版社，2006.

[3] 日本建筑学会. 新版简明建筑设计资料集成[M]. 北京：中国建筑工业出版社，2003.

[4] 洪麦恩，唐颖. 现代商业空间艺术设计[M]. 北京：中国建筑工业出版社，2006.

[5] 周长亮，李远. 商业空间设计[M]. 北京：中国电力出版社，2008.